BIBLIOTHÈQUE
DES MERVEILLES

PUBLIÉE SOUS LA DIRECTION

DE M. ÉDOUARD CHARTON

———

LES

MONSTRES MARINS

PARIS. — IMP. SIMON RAÇON ET COMP., RUE D'ERFURTH, 1.

BIBLIOTHÈQUE DES MERVEILLES

R. DEMEUSE

LES
MONSTRES MARINS

PAR

ARMAND LANDRIN

DEUXIÈME ÉDITION

REVUE ET AUGMENTÉE

OUVRAGE ILLUSTRÉ DE 66 GRAVURES

PARIS

LIBRAIRIE DE L. HACHETTE ET Cie

BOULEVARD SAINT-GERMAIN, N° 77

1870

A

MME A. LANDRIN

Bien affectueux hommage de son mari

ARMAND LANDRIN

LES

MONSTRES MARINS

INTRODUCTION

Monstre est un des mots de la langue française les plus difficiles à définir, comme le fait remarquer Voltaire.

Quelques grammairiens disent qu'on doit appeler monstres *les êtres contre nature*; ce qui paraît inexact, car, à proprement parler, il ne peut pas exister d'être contre nature.

Les animaux, les végétaux qu'on appelle difformes, ne sont pas *opposés* aux lois naturelles, que nous sommes d'ailleurs loin de bien connaître; ils sont seulement en dehors de ce que nous avons l'*habitude* de voir.

En ce sens, les difformités ne sont pas toujours des *anomalies* : ce sont simplement des faits inhabituels.

Monstrum désigne, dit le dictionnaire, tout ce qui est étrange, incroyable, extraordinaire, bizarre, hideux,

étonnant, excessif dans son genre, d'une férocité inouïe,
fabuleuse.

Nous appellerons donc « MONSTRUEUX, tout animal prodigieux par rapport aux autres animaux *de la même
classe*, à quelque titre que ce soit; ANOMAL, tout animal
prodigieux par rapport aux autres animaux *de la même
espèce*. »

Par exemple, une baleine bien faite est un être monstrueux et non anomal, puisqu'elle est d'une grosseur
prodigieuse comparée aux autres *cétacés*, mais qu'elle ne
diffère en rien des autres *baleines*.

Compris de cette manière, le mot monstre ne fait pas
naître l'idée d'une difformité, mais il désigne nécessaire-
ment ce qui nous étonne et frappe notre imagination, le
plus souvent dans un sens opposé aux impressions que
produisent sur nous l'harmonie des proportions et la
beauté. C'est ainsi que l'ont entendu plus d'un de nos
grands écrivains.

La Fontaine nous montre la mère hibou disant à l'aigle :

> Mes petits sont mignons,
> Beaux, bien faits, et jolis sur tous leurs compagnons.

Et pourtant c'étaient :

> De petits monstres fort hideux.

C'est qu'en effet c'étaient de petits monstres seulement,
et non des êtres anomaux; laids aux yeux de l'aigle, ils

étaient bien faits aux yeux de leur mère, à laquelle ils ressemblaient. S'ils eussent éu trois pattes, c'est-à-dire une patte de plus qu'elle, elle n'eût pu se faire la même illusion.

Montaigne a dit : « Ce que nous appelons *monstres* ne le sont pas à Dieu, qui voit dans l'immensité de son ouvrage l'infinité de formes qu'il y a comprises. »

Appuyé de ces autorités, nous nous lancerons hardiment dans la recherche des monstres, évoquant autour de nous les animaux de la Fable et ceux bien plus extraordinaires encore que l'étude de la nature nous révèle, cherchant à ramener la légende aux proportions de la vérité, errant dans un monde effrayant, peuplé de géants, d'êtres horribles, dégoûtants, frôlant des animaux dont les formes étranges choquent toutes nos idées, d'autres dont la voracité sans nom écœure et terrifie !

Que nos lecteurs se figurent qu'enveloppés dans une cloche à plongeur, ils descendent au fond des eaux ; qu'ils voient et touchent les mollusques, les krakens, les poissons, les serpents, les baleines, les requins, etc., dont nous allons leur parler, et peu de songes leur paraîtront plus invraisemblables que ce spectacle de la réalité !

I

MOLLUSQUES ET CRUSTACÉS

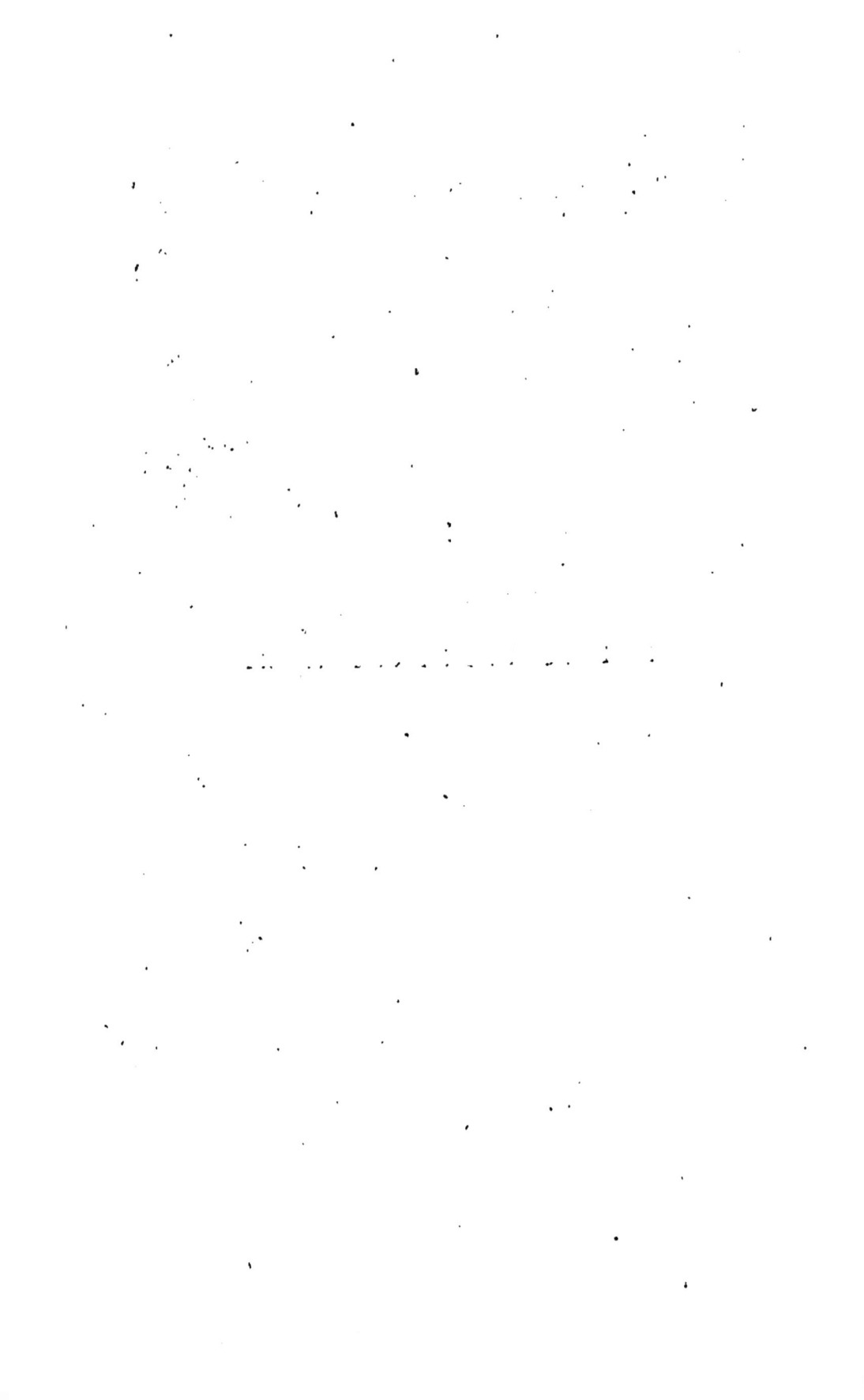

LES GÉANTS PARMI LES PYGMÉES

—

LES CRUSTACÉS LES PLUS GRANDS

La monstruosité de grandeur est chose relative.

> Dame fourmi trouva le ciron trop petit,
> Se croyant pour elle un colosse.

Le rat est plus grand, comparé à la fourmi, que la baleine comparée à l'homme.

On doit donc regarder comme d'une taille monstrueuse, non-seulement les animaux qui nous semblent énormes, mais encore ceux dont les dimensions dépassent de beaucoup celles des autres êtres de la même classe qu'eux. Tels sont les êtres dont l'étude fera l'objet de ce chapitre et en particulier les *crustacés*.

« Le Muséum d'histoire naturelle a reçu la dépouille du plus grand crabe que l'on connaisse, écrivait récemment M. Georges Pouchet. Chacune de ses pinces mesure $1^m,20$ de long. Les pattes étendues, il a une envergure de plus de $2^m,60$. Il a été pêché au Japon, sur la côte orientale de Nippon, entre le 34e et le 35e degré de latitude nord, par M. de Siebold. Il appartient à l'espèce des *araignées de* mer, bêtes fort laides déjà quand elles n'ont que la grosseur de la tête d'un enfant, comme dans l'aquarium du boulevard Montmartre. On savait bien qu'elles étaient beaucoup plus grandes dans les mers de la Chine, mais on n'en connaissait aucune qui eût de telles proportions. C'est sans doute un individu très-âgé, quelque vieux solitaire qui a vu des siècles passer, immobile à l'entrée de sa caverne et guettant le poisson au passage.

« M. Blanchard, qui professe au Muséum l'histoire des animaux articulés, a présenté à l'Académie cet hôte nouveau de nos collections. Il y a joint quelques remarques intéressantes sur l'âge et la croissance de certaines espèces vivantes.

« L'araignée de mer du Japon n'est pas le seul crabe qui grandisse indéfiniment. On trouve sur les côtes des États-Unis un homard très-voisin de celui de nos marchés. Depuis de longues années, deux individus de cette espèce sont exposés dans les galeries du Muséum, où ils attirent l'attention des visiteurs, même les moins gourmets, par leurs dimensions extraordinaires. La taille de ces deux vieux animaux avait fait croire autrefois que le homard d'Amérique était beaucoup plus grand que le nôtre. Il n'en est rien. Seulement, autrefois on ne pêchait guère sur la côte des États-Unis : les homards y grossissaient à l'aise. — Une certaine langouste habite les rivages de l'île Maurice et de l'île de la Réunion. Jadis toutes celles qu'on prenait étaient énormes ; aujourd'hui, elles sont petites ; les habitants des deux îles ne les laissent plus grandir. »

LE CASQUE DE MADAGASCAR ET LA CÉRITHE GÉANTE

Les mollusques dont la coquille est d'un seul morceau, ou valve, les univalves, sont plus ou moins bizarrement modelés ou nuancés, plus ou moins gros, mais aucun ne mérite précisément l'épithète de monstrueux, ni par sa laideur, ni par ses dimensions, ni surtout par sa férocité.

Le plus gros est peut-être le *casque de Madagascar* (qui n'a guère plus de 0^m,45 à 0^m,50 de hauteur).

Les casques (fig. 1 et 2) sont employés dans le commerce. On détache leur lèvre épaisse, et une portion du

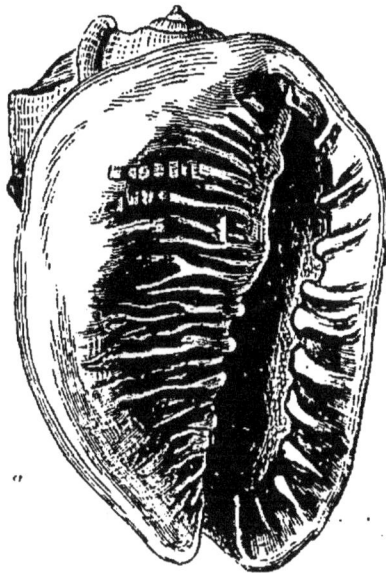

Fig. 1. — Casque de Madagascar.

dernier tour, formée de feuillets superposés de teintes alternativement blanc transparent (bleuâtre ou à peine rosé), et brun noirâtre. Ces plaques, aplanies autant que possible, se vendent sous le nom de *capotes*, aux graveurs, qui savent y ciseler un bas-relief, de telle sorte que toute la sculpture, exécutée dans une des couches, ait la couche sous-jacente pour fond. On obtient ainsi de ravissants effets.

Ces fragments de coquilles, ainsi sculptées, se débitent comme *camées*.

Un autre casque, le *casque rouge*, permet d'exécuter de semblables reliefs en rose sur fond acajou.

Le plus long des univalves est la *cérithe géante*, coquille fossile de 0ᵐ,7 de longueur. On en a trouvé un individu

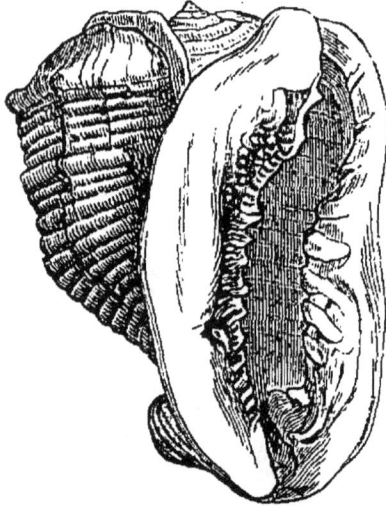

Fig. 2. — Casque rouge.

vivant près de l'Australie : c'est le seul exemplaire qu'on en connaisse. Il fait partie du musée de M. Delessert, à Paris. Toujours l'extrème pointe est usée ou cassée, sans doute par suite du frottement pendant la marche de l'animal.

LES BIVALVES — HUITRES GÉANTES

Les mollusques dont la tète est indistincte sont tous renfermés dans deux coquilles : ce sont des bivalves.

Le plus connu de tous est l'huître, et comme on a parlé souvent d'huîtres géantes, c'est d'elles que nous allons tout d'abord nous occuper.

Un marin qui visita Jesso (Japon), en 1643, rapporte, dans sa narration, que sur cette côte vivent en grande quantité des huîtres « qui ont, pour la plupart, une aune et demie de long et un demi quartier de large. »

Ces assertions, si elles se rapportent réellement à des huîtres, sont peu croyables, et les anciens naturalistes étaient bien plus exacts lorsque, dans l'histoire des animaux observés pendant la guerre d'Alexandre le Grand, ils rapportent qu'on trouve dans l'Inde des huîtres d'un pied de diamètre.

On a dit depuis, je ne sais dans quel journal, que sur les côtes d'Amérique abondaient des huîtres grandes comme des plats, et dont une seule suffisait pour assouvir l'appétit de plusieurs personnes. C'est là une fable digne de l'antiquité. Les huîtres qu'on recueille sur les côtes des États Delawares, New-Yorkais, etc., sont très-grandes, mais restent néanmoins bien loin des dimensions qu'on a voulu leur attribuer.

L'huître perlière (qui n'est pas une *huître*, soit dit en passant, mais une *aronde*), est en vérité de belle grandeur, mais tous ceux qui ont goûté de ce mollusque s'accordent à le déclarer détestable ; de plus, l'animal étant très-petit, et le pied seul pouvant se mâcher, la chair qu'on en retire est de peu de volume. Il est probable cependant que ç'est de lui qu'ont voulu parler les observateurs qui ont avancé ces récits.

En résumé, les immenses mollusques comestibles de cette espèce, dont on parle si souvent, n'existent guère que dans l'imagination de ceux qui les ont décrits.

JAMBONNEAU

En résumé, les immenses mollusques comestibles de cette espèce, dont on parle si souvent, n'existent guère que dans l'imagination de ceux qui les ont décrits.

Les mollusques qui portent ce nom le doivent à la forme triangulaire, à la couleur brun enfumé de leur coquille, qui rappelle grossièrement un jambon.

Leur véritable nom vient du mot *penninin* ou *penim*, employé dans la Bible pour désigner ce mollusque; mais la langue grecque n'ayant fait aucun emprunt aux langues sémitiques, il est bien plus probable qu'on les désigna ainsi à cause de leur byssus, que l'on peut comparer à l'aigrette ou plumet (πίννα), dont les soldats grecs ornaient leur casque [1].

La coquille des animaux de ce genre est toujours mince, d'une apparence cornée, fragile, glacée. Entre les valves sort une touffe de soies, un byssus (*lana pinna*), qui le rattache au sol.

Ce fait ne leur est pas particulier; chacun sait que la moule se tient ancrée de la même manière, et nous allons voir qu'il en est ainsi pour d'autres mollusques.

Les pinnes sont surtout abondantes dans la mer Rouge, la Méditerranée, le Grand Océan.

L'espèce gigantesque qui motive la description de ces animaux habite les côtes de la Nouvelle-Zélande. On peut en voir, dans les galeries zoologiques du Muséum, de magnifiques exemplaires qui ont au moins 0^m,40 de longueur et 0^m,25 de large. Ses valves sont couvertes d'écailles hérissées et semi-tuberculeuses.

Nous parlions tout à l'heure du byssus du jambonneau : on conçoit que ces filaments flexibles, brillants, solides, longs, aient dû attirer de tout temps l'attention des pêcheurs. Les anciens eurent l'idée de le tisser, et cette fabrication s'est continuée jusqu'à nos jours. Les habitants

---

[1] Et non pas du latin *pinna*, qui n'est qu'une transcription du mot grec.

de Tarente en font des bas ; les Napolitains et les Maltais l'utilisent aussi. A l'Exposition de l'an IX et à celle de 1855, on a beaucoup admiré les draps de pinne des orphelinats de Lecce. Rien ne les égale pour le moelleux et l'égalité des fils qui les composent. Leur couleur, d'un brun doré, est complétement inaltérable.

En 1862, M. Jules Cloquet offrit à la Société d'acclimatation des mitaines de cette fabrication ; mais jusqu'ici la récolte des pinnes est trop minime pour que ces tissus soient autre chose que des objets de simple curiosité.

On trouve assez souvent dans ces mollusques des perles roses. Leur valeur, quoique inférieure à celle des perles blanches, ne laisse pas d'être grande. Elles étaient bien connues des pêcheurs d'Acarnanie, et Strabon, Élien, Ptolémée, Théophraste, en font mention.

Pline raconte sur ce mollusque une assez jolie fable :

« La pinne, dit-il, naît dans les fonds limoneux, et jamais on ne la rencontre sans son compagnon, que les uns nomment *pinnothère*, et d'autres *pinnophylax*. C'est une petite squile, une sorte de crabe, et se nourrir est le but de leur association. Le coquillage, aveugle, s'ouvre, montrant son corps aux petits poissons qui jouent autour d'elle. Enhardis par l'impunité, ils remplissent la coquille. En ce moment, la pinnothère, qui est aux aguets, avertit la pinne par une légère morsure : celle-ci se referme, écrase tout ce qui se trouve pris entre ses valves, et partage sa proie avec son associée. »

En forme de commentaire à ce récit du naturaliste romain, ajoutons que la pinnothère est un petit crustacé rose vif, qui pénètre en effet dans les mollusques alors qu'ils sont entr'ouverts : il y trouve un double avantage, se mettant en sûreté contre les attaques de ses nombreux

ennemis, auxquels sa faiblesse l'empêche de résister, et se
nourrissant lui-même aux dépens de son hôte.

LE GRAND-BÉNITIER

Nous voici arrivé au roi des coquillages, à la gigantesque *tridacne*, autrement dit au *grand-bénitier*.

Décrire la forme des tridacnes est difficile, et nous préférons renvoyer le lecteur à la figure ci-jointe. Comme on
le voit, le dessinateur n'a montré qu'une seule valve. Elle
est largement côtelée, et ces côtes forment de grandes
dents sur le bord. Les dents d'une valve s'engrènent avec
les échancrures de l'autre, de telle sorte que ce mollusque
peut s'enfermer hermétiquement.

Comme le précédent mollusque, la tridacne produit un
byssus à l'aide duquel elle se suspend au rocher, et on
concevra aisément quelle doit être la force de ce byssus
si l'on songe que le poids d'un de ces mollusques va parfois jusqu'à 600 livres! Aussi ne peut-on le couper qu'à
coups de hache, et encore faut-il s'y reprendre à plusieurs
fois avant qu'il soit entièrement tranché.

L'animal du grand-bénitier ne pèse que 14 livres, mais
le poids de chacune de ses valves est de 250 à 300 kilogrammes, et elles ont 1 mètre ou 1 mètre 1/2 de longueur.
En Chine, on s'en sert comme abreuvoir pour les bestiaux,
et de riches mandarins possèdent des baignoires faites
d'une de ces coquilles.

Ce furent les Grecs les premiers qui lui donnèrent le
nom de *tridacne*; mais ce n'est qu'au quinzième siècle
que ces magnifiques mollusques furent apportés en Europe. Le célèbre Dampier en trouva un grand nombre près
des Célèbes; il les appelle, dans ses Mémoires, « de

grands pétoncles rouges, » et dit qu'une écaille vide pesait 258 livres. Le bénitier, en effet, rappelle quelque peu, par la disposition des cannelures profondes s'emboîtant sur le bord, l'aspect des pétoncles.

La république de Venise fit présent à François Ier d'une

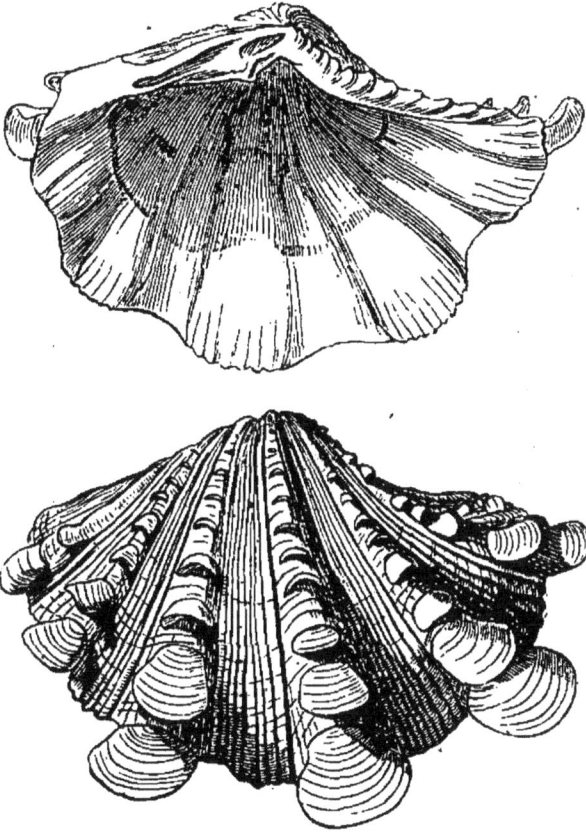

Fig. 3. — Tridacne laitière.

magnifique tridacne qui resta jusqu'à Louis XIV dans le trésor royal ; mais le curé Languet finit par l'obtenir de ce monarque, et fit des deux valves deux merveilleux bénitiers qui décorent encore l'église Saint-Sulpice.

D'autres églises, comme celle de Sainte-Eulalie, à Montpellier ; celle de Saint-Jacques, au Havre, etc., possèdent aussi pour bénitiers de beaux coquillages. Plusieurs exem-

plaires remarquables appartiennent au Muséum de Paris,
mais les plus grands que l'on connaisse sont à Rome.

L'animal des tridacnes est vivement coloré, surtout celui
de l'espèce dite *safranée*, qui est bleu sur les bords, violet
au centre, rayé en travers d'un bleu pâle, semé de petits
ronds jaunes, bruns, etc. Lorsque le voyageur, fouillant
de son regard une mer peu profonde, aperçoit un assez
grand nombre de ces animaux montrant au travers de
l'ouverture bâillante de leurs valves ces brillantes couleurs, il lui semble voir un parterre de fleurs sous-marines
à l'éclat velouté.

L'alcool dans lequel on plonge le grand-bénitier se
teint en violet rouge très-intense, et peut-être pourrait-on
utiliser ces propriétés tinctoriales. A notre connaissance,
on n'a encore tenté aucun essai dans cette voie.

Toutes les tridacnes habitent les mers chaudes, et l'espèce géante ne se rencontre que dans les mers qui séparent l'Inde de l'Australie, et dans la mer Rouge. Souvent
elle vit à de grandes profondeurs, et on ne conçoit pas
comment les plongeurs parviennent à s'en emparer.

Les Arabes et les Indiens, et surtout les habitants des
Moluques, mangent la chair de ce coquillage, dont le goût
rappelle de loin celui du homard. C'est néanmoins un
aliment peu agréable, coriace et d'une difficile digestion.

« M. Lamiral, dit M. Moquin-Tandon, vit une perle de
la grosseur d'un œuf de poule bantam, parfaitement sphé-
rique et blanche comme du lait, provenant du *grand-
bénitier*. »

Malheureusement pour les pêcheurs arabes, de telles
trouvailles sont bien rares.

On prétend que lorsqu'un plongeur maladroit vient à
engager sa jambe ou son bras entre les valves d'une tridacne entr'ouverte, celle-ci se ferme brusquement et le

tient prisonnier au fond de l'eau jusqu'à ce qu'il meure asphyxié. Le fait est-il vrai, nous l'ignorons ; il est certain que le mollusque est bien de force à retenir un homme malgré ses efforts pour lui échapper. Un naturaliste, M. Vaillant, voulant savoir quelle était sa puissance, attacha une de ses valves à une poutre, puis accrocha à l'autre valve des seaux d'eau jusqu'à ce qu'il l'eut forcé à s'ouvrir. Il put ainsi constater qu'une tridacne, de 0^m,21 seulement de longueur, soulève 4,914 grammes ; une de 0^m,25, 7,220 grammes ; et qu'une autre, qui pèse 250 kilogrammes, ne cède qu'à un poids de 900 kilogrammes ! Or quel est l'homme capable de faire remuer seulement un poids de 1,800 livres? Pour forcer un grand-bénitier à bâiller malgré lui, il faudrait atteler *trois chevaux* à l'une de ses valves.

LE KRAKEN

CE QUE C'EST QUE LE KRAKEN — LES CÉPHALOPODES

Le *kraken* est un mollusque céphalopode.

Parmi les céphalopodes est un genre qui a reçu le nom de *poulpe* (altération du mot latin *polypus*); on appelle généralement ainsi par extension tous les céphalopodes, c'est-à-dire les *poulpes* proprement dits (*pieuvre* ou *chatrouille*), les *sèches*, les *calmars*, etc. C'est pourquoi on dit *poulpe géant* en parlant du kraken, bien qu'il soit maintenant reconnu que cet animal est un *calmar gigantesque*.

On appelle vulgairement les céphalopodes des *encornets*.

On sait quelle est leur forme. Un sac allongé, ayant la forme d'un œuf, d'un cylindre ou d'un verre à pied, et duquel sort une grosse tête arrondie qui porte latéralement des yeux énormes et aplatis ; sur la tête, au sommet, une sorte de bec de corne brune et dure, de la forme d'un bec de perroquet, et autour de ce bec une couronne de huit ou dix bras vigoureux entés sur la tête : tel est le poulpe.

A la face intérieure, chacun de ses bras est garni d'une double rangée parallèle de ventouses. Ces ventouses se composent d'une sorte de petite tasse dont le fond est mobile. Le poulpe veut-il se coller à un objet, il applique une ou plusieurs de ces ventouses, le fond étant au niveau des bords; puis il retire ce fond et forme une petite cavité sans air, produisant ainsi un vide qui retient l'objet hermétiquement collé. On comprend quelle est la puissance de ce lien, lorsque plusieurs centaines de ventouses agissent concurremment.

S'ils veulent manger, ils saisissent et flagellent avec leurs bras un animal quelconque, un poisson, un crabe, un mollusque, et l'attirent jusqu'à leur bec, qui leur sert à le déchirer; car, il faut bien le remarquer, les bras ou tentacules, armés de leurs ventouses, sont des intruments de préhension et non de succion. Certains êtres, la sang sué, par exemple, ont au fond de leur ventouse une dentition propre à déchirer la peau, tuméfiée qu'ils ont saisie, mais les céphalopodes n'ont rien de semblable.

La manière de nager de ces mollusques est curieuse. Les branchies ont besoin, pour fonctionner et pourvoir à la respiration, qu'une grande quantité d'eau leur apporte quelques globules d'air. Cette eau pénètre dans l'intérieur du manteau, lequel abrite les branchies; puis le manteau se contracte, l'eau est chassée au travers d'un tube situé entre les yeux; une nouvelle dilatation a lieu, l'eau rentre, puis ressort, et ainsi de suite.

Chaque fois que le manteau se contracte, l'eau chassée par le tube forme un jet qui, frappant la masse inerte environnante, donne un élan en sens contraire au céphalopode. C'est une application naturelle d'un jouet physique bien connu, le tourniquet hydraulique. A chaque

Fig. 4. — Piéuvre à l'affût.

pulsation, l'animal avance, et c'est ainsi qu'il chemine rapidement.

On a, croyons-nous, essayé autrefois d'appliquer ce système propulseur à la navigation. On a fait des navires dans lesquels l'eau circulait au travers de larges conduites. Arrivé dans un réservoir, le liquide était repris par une pompe qui le lançait avec vigueur derrière le bâtiment.

L'expérience avait réussi en ce sens que le vaisseau avançait; mais, pour lancer l'eau avec assez de violence, il fallait une machine à vapeur d'une grande puissance, et dont l'entretien coûtait tellement cher, qu'on a dû renoncer, dans la pratique, à cette invention... renouvelée des poulpes. Peut-être y reviendra-t-on plus tard!

Les céphalopodes de nos côtes sont tous de petite taille, mais il paraît que la haute mer en nourrit qui sont de grandes dimensions. C'est à ce géant des mollusques que les traditions scandinaves ont donné le nom de kraken.

De tous les animaux légendaires il n'en est peut-être pas un qui ait rencontré, chez les naturalistes, depuis Aldrovande, Banks, Johnson, Lacépède, jusque dans ces dernières années, une plus complète incrédulité; et cependant il est aujourd'hui démontré qu'en dépouillant l'histoire du kraken des exagérations dont elle est remplie, comme le sont, d'ailleurs, tous les récits populaires, on arrive à un monstre très-réel et de dimensions des plus respectables.

LE POULPE GIGANTESQUE DES GRECS ET DES ROMAINS

Après avoir trop longtemps exalté Aristote, on est arrivé aujourd'hui à n'en parler qu'avec indifférence. Il n'est cependant que bien peu de savants modernes qu'on puisse lui comparer pour la science, la précision et l'esprit d'observation. Il est incroyable de voir combien de faits on nous présente comme nouvellement découverts, qui sont déjà signalés dans les ouvrages du philosophe grec, et le plus souvent presque entièrement dépourvus de l'exagération dont on accuse à juste titre si souvent les anciens.

Aristote a donc connu l'histoire des céphalopodes, et même leur anatomie, à un degré vraiment étonnant; il parle d'un grand calmar (τεῦθος), de la Méditerranée, long de 5 coudées (3ᵐ, 10). Nous verrons plus tard que ces données n'ont rien d'invraisemblable.

A Cartéia, prétend Trébius, un poulpe sortait chaque soir de la mer pour venir dévorer des salaisons. Ses continuels larcins irritèrent les gardiens, qui, pour y mettre un terme, entourèrent leurs sécheries de palissades élevées. Ce fut en vain : s'aidant d'un arbre, le poulpe les franchissait. Il ne put être découvert que grâce à la sagacité des chiens, qui l'éventèrent une nuit, tandis qu'il regagnait son élément naturel. La nouveauté du spectacle, la laideur du monstre couvert de saumure, sa grandeur extraordinaire, l'odeur horrible qu'il répandait, pénétrèrent d'effroi les pêcheurs accourus. Il combattait bravement les chiens, tantôt les fouettant de ses tentacules, tantôt les assommant des coups de deux de ses bras, plus grands que les autres. Enfin, on le tua, après une longue lutte, à coups de tridents. Pline, citant Trébius, admet difficilement, disons-le à sa louange, cette histoire, qu'il traite de prodige.

On apporta la tête et les bras de ce poulpe à Lucullus. On sait, en effet, que les Romains mangeaient volontiers ces animaux, comme le font encore nos pêcheurs normands [1]. La tête avait la grandeur d'un baril de quinze amphores, et un bec proportionné. Les bras étaient longs de 30 pieds ; à peine un homme pouvait-il les embrasser. Ce qui fut conservé du corps pesait 700 livres.

Fulgosus répète ce récit, à quelques variantes près.

Une histoire presque semblable se trouve dans Élien. Un poulpe, dont il compare les dimensions à celle des plus grands cétacés, fut tué à coups de hache, dit-il, par des marchands espagnols dont il dévastait les magasins.

On voit qu'Élien est encore plus exagéré que Trebius.

Pline semble plus raisonnable, parce qu'il ne garantit l'existence que des sèches de 2 coudées et des calmars de 5, et se méfie de Trebius ; mais, dans un autre endroit, il cite, sous le nom d'*arbas*, un poulpe dont les pieds seraient si longs qu'ils l'empêcheraient de passer du Grand Océan, sa demeure habituelle, dans la Méditerranée, et détroit de Gilbraltar n'ayant pas assez de profondeur, et c'est ainsi qu'il retombe dans sa crédulité habituelle.

LE KRAKEN DES SCANDINAVES

Lorsqu'on compare les traditions et les légendes des divers peuples, on est frappé de la diversité de leur caractère dans les pays froids et dans les pays chauds. Chez les uns comme chez les autres, les monstres et les miracles sont des êtres et des faits réels, mal observés, ou défigurés ; mais l'imagination altère leurs récits d'une manière différente. Sombre, effrayante, froide, la fable scandinave emprunte son caractère grandiose à la terreur ;

---

[1] Cette chair qui, une fois cuite, devient mat légèrement rosé, nous a toujours semblé excellente, quoique un peu ferme.

riante, riche, gracieuse, la fable grecque atteint le même
but en nous faisant rêver. Le Nord se fait craindre, le Midi
se fait aimer.

On trouve des preuves frappantes de cette opposition
dans l'étude des deux animaux les plus populaires entre
tous les habitants de l'onde.

Nous voulons parler du *kraken* et du *dauphin*.

Les Scandinaves voient un poulpe de grandes dimensions; aussitôt ils s'emparent de ce fait, se complaisent à
l'entourer de toutes les exagérations propres à enlaidir
l'animal, à faire de lui un être terrible, effrayant, puis se
prennent à croire eux-mêmes à leurs rêveries, et s'abandonnent à l'âcre volupté qu'enfante la terreur dans les
esprits sombres. Pour eux, la forme du poulpe n'est que
peu défigurée (ils la peignent presque telle qu'elle est),
mais ils le rendent terrible en décuplant ses dimensions.
Ils finissent par le chercher partout, et chaque fois que la
sonde leur révèle un bas-fond inconnu, ils croient avoir
touché le *kraken* ou *poisson-montagne*.

Les Grecs remarquent que les dauphins suivent leurs
galères et semblent jouer entre eux. Il n'en faut pas plus
pour qu'ils voient dans ce cétacé un ami de l'homme ;
c'est dans ce sens que sculpteurs, poëtes, naturalistes, le
transforment à l'envi. Non-seulement il devient mécon-
naissable au physique, mais on lui prête mille aventures
fantastiques dans lesquelles il joue le rôle de sauveur des
naufragés : ne fallait-il pas qu'il fût fidèle à son rôle ami-
cal ? Grecs et Romains connaissent le poulpe géant, mais
ils ne veulent pas s'appesantir sur un si vilain objet. Son
image répugne à leur âme souriante ; ils la repoussent.
Jamais leurs poésies n'y font allusion, et quoi que dise
M. de Salverte, rien ne prouve que Virgile ait voulu faire
allusion au monstre, sous le nom de Scylla, puisque ce

nom propre n'est accompagné d'aucun commentaire qui aide à l'interpréter.

Le kraken norwégien est grand comme une île. Plus d'une fois, des navigateurs, croyant prendre terre, sont descendus sur son dos. C'est ce qui arriva, entre autres, à Éric Falkendorff, évèque de Nidros, et à saint Brandaine. Le premier écrivit au pape Léon, en 1520, une longue lettre à ce sujet. Le saint regrettait, un dimanche qu'il était en voyage sur un navire norwégien, de ne pouvoir célébrer sur la terre ferme le sacrifice de la messe avec toute la solennité désirable. Aussitôt surgit des flots, non loin de là, une île nouvelle. On aborde, et le saint officie sur un autel dressé immédiatement. Mais à peine avait-il quitté cette île, à peine était-il remonté sur son vaisseau, qu'elle s'ébranla et s'abîma dans la mer. Cette île était un kraken !

Olaüs Wormius aussi, en 1643, soutient que son apparition sur l'eau ressemble plus à celle d'une terre qu'à celle d'un animal: *Similiorem insulæ quam bestiæ*. Il croit qu'il n'existe que très-peu de krakens, qu'ils sont immortels, et que les *méduses* ne sont autre chose que le frai et les œufs de ces animaux.

D'autres auteurs de la même époque, tels que Olaüs Magnus, Pautius, Bartholin, Deber, etc., répètent à peu près ce qu'en avait dit Wormius et admettent aussi l'immortalité du monstre, ce qui n'empêche pas qu'en 1680, on trouva enfin le cadavre d'un kraken dans le golfe d'Uewangen, paroisse d'Astabough. Il s'était pris le bras dans les innombrables rochers qui obstruent ces parages, et n'avait pu se dégager. Lorsque la putréfaction s'empara de ce corps immense qui remplissait à peu près tout le chenal, l'infection fut telle, que longtemps on craignit qu'elle n'engendrât une peste. Il n'en fut rien, heureusement; l'animal s'en alla lambeau par lambeau, dépecé par les vagues. Cet événement fut régulièrement constaté, et rapport fut fait à qui de droit par D. Früs, assesseur consistorial de Bodœn en Nortlande.

Un cas analogue s'est présenté depuis. On sait combien les poulpes abondent sur les côtes de Terre-Neuve; c'est à ce point que, chaque année, les pêcheurs de morue en prennent, à la ligne, *douze millions* de toutes tailles pour leur servir d'appât. Eh bien, à la fin du dix-huitième siècle, un de ces mollusques, mais véritablement monstrueux, vint mourir sur les récifs, au delà de Pine-Light entre le 48ᵉ et le 50ᵉ degré de latitude. Cette fois encore on crut que l'odeur provoquerait des maladies épidémiques, et on ne fut rassuré que quand les courants eurent délivré le pays de ce fléau.

Nous disions que l'imagination frappée des pêcheurs prenait souvent des îles véritables pour l'effroyable céphalopode. Il semble que, dans le récit suivant, des récifs, ne se découvrant que lors des marées exceptionnelles, aient produit cette illusion.

Le géographe Buræus, d'après un de nos jeunes savants, M. Amédée Pichot, avait placé sur sa carte une île du nom de Gommer's-Ore, en vue de Stockholm. Le baron Charles de Grippenheim l'avait vainement cherchée de tous côtés, lorsque un jour, tournant la tête par hasard, il distingua comme trois pointes de terre qui s'étaient tout à coup élevées sur la surface des flots : « Voilà sans doute le Gummer's-Ore de Buræus? demanda-t-il au pilote qui gouvernait sa chaloupe. — Je ne sais, répondit celui-ci, mais soyez certain que ce que nous voyons pronostique une tempête ou une grande abondance de poisson. Gummer's-Ore n'est qu'un amas de récifs à fleur d'eau où se tient volontiers le soe-trolden (*fléau de mer*, nom popu-

laire du kraken dans ces parages), ou plutôt c'est le soe-
trolden lui-même. »

De tous les auteurs qui se sont occupés de l'histoire
naturelle boréale, Pontoppidan (1752) et Auguste de Bergen sont ceux qui ont recueilli avec le plus de soin et de
précision les traditions qui concernent cet animal.

Les gens du Nord, dit Pontoppidan, affirment tous, et
sans la moindre contradiction dans leurs récits, que lorsqu'ils poussent au large à plusieurs milles, particulière-
ment pendant les jours les plus chauds de l'été, la mer
semble tout à coup diminuer sous leurs barques ; s'ils
jettent la sonde, au lieu de trouver 80 ou 100 brasses de
profondeur, il arrive souvent qu'ils en mesurent à peine
50 : c'est un *kraken* qui s'interpose entre le bas-fond et
la sonde. Accoutumés à ce phénomène, les pêcheurs dis-
posent leurs lignes, certains que là abonde le poisson, surtout la morue et la lingue; et les retirent richement
chargées.

Si la profondeur de l'eau va toujours diminuant, si ce
bas-fond accidentel et mobile remonte, les pêcheurs n'ont
pas de temps à perdre; c'est le kraken qui se réveille, qui
se meut, qui vient respirer l'air et étendre ses larges bras
au soleil.

Les pêcheurs font force de rames, et quand, à une distance raisonnable, ils peuvent enfin se reposer en sécurité,
ils voient en effet le monstre qui couvre un espace d'*un
mille et demi* de la partie supérieure de son dos. Les
poissons, surpris par son ascension, sautillent un moment
dans les creux humides formés par les protubérances iné-
gales de son enveloppe extérieure; puis de cette masse
flottante sortent des espèces de pointes ou de cornes lui-
santes qui se déploient et se dressent semblables à des
mâts armés de leurs vergues; ce sont les bras du kraken,

et telle est leur vigueur, que s'ils saisissaient les cordages
d'un vaisseau de ligne, ils le feraient infailliblement
sombrer.

Après être demeuré quelques instants sur les flots, le
kraken redescend avec la même lenteur, et le danger
n'est guère moindre pour le navire qui serait à sa portée,
car, en s'affaissant, il déplace un tel volume d'eau, qu'il
occasionne des tourbillons et des courants aussi terribles
que ceux de la fameuse rivière Male.

L'*Histoire naturelle* d'Éric Pontoppidan est très-curieuse à consulter à cause de la grande quantité de documents que le savant évêque a recueillis ; mais elle manque
de méthode ; les faits positifs, sont mêlés avec les fables ; il
n'y a pas de critique. Pontoppidan avait trop de capacité
pour croire au kraken qu'il dépeint, et lui-même note son
incrédulité, mais il ne cherche nullement à dégager la
vérité sous tout ce fatras.

Il n'en est point de même d'Auguste de Bergen, qui,
comparant avec soin tous les récits scandinaves, en conclut qu'il doit exister un poulpe énorme (quoique bien
loin d'atteindre les proportions d'une île), pourvu de bras ;
qu'il doit être odorant ; que lorsqu'il s'élève, ses bras sont
dirigés vers le fond ; qu'il laisse rarement entrevoir ses
tentacules ; qu'il monte et descend en ligne droite ; enfin,
qu'il ne se montre que l'été et par les temps calmes. On
verra que les découvertes modernes ont entièrement cor-
roboré les conclusions de ce naturaliste.

L'ENCORNET GÉANT AU SIÈCLE DERNIER — DENYS MONTFORT

Linné, après avoir admis l'existence du poulpe géant
dans sa *Faune suédoise* et dans les six premières éditions

de son *Système de la nature*, s'y refuse dans les suivantes ; on ignore pourquoi.

Cependant les marins avaient toujours foi dans les légendes sur le kraken ou encornet géant, et sur les côtes de France, un proverbe très-répandu disait : *L'encornet est le plus petit et le plus grand animal de la mer.*

Dans plusieurs chapelles étaient suspendus des *ex-voto* retraçant les dangers courus par les équipages de divers navires dans des combats avec ces horribles animaux. L'un d'eux, qui existe encore à Notre-Dame de la Garde, de Marseille, rappelle une lutte qui eut lieu sur les côtes de la Caroline du Sud. Un autre qu'on peut voir dans la chapelle Saint-Thomas, à Saint-Malo, fut placé là par les matelots d'un navire négrier, attaqué par un poulpe au moment où il levait l'ancre pour s'éloigner d'Angola.

Du reste le voyageur Grandpré dit qu'il a souvent entendu parler, par les indigènes de ces côtes africaines, du terrible céphalopode ; ils en ont une grande peur, mais soutiennent qu'il se tient constamment dans la haute mer.

En 1783, un baleinier assura au docteur Swediaur, qui raconte cette observation dans le *Journal de Physique*, qu'il avait trouvé dans la gueule d'une baleine un tentacule de 27 pieds de long.

Denys Montfort ayant lu cette note, eut l'idée d'interroger les baleiniers que Calonne avait fait venir d'Amérique pour tenter de relever la grande pêche en France, et qui étaient établis à Dunkerque. Deux d'entre eux lui dirent qu'ils avaient également examiné des bras de krakens. L'un, Benjohnson, en avait trouvé aussi, une fois, un de 35 pieds dans la bouche d'une baleine, de laquelle il sortait ; l'autre, Reynolds, en avait pêché un de 45 pieds, qui flottait, et dont la couleur était rouge ardoisé.

Ce fut en cette occasion, vers 1786, que Denys Montfort entendit faire un récit qu'il accepta de la meilleure
foi du monde, malgré les traces nombreuses de hâblerie
qu'a laissé passer le narrateur. Nous ne pouvons mieux
faire que de reproduire ce curieux passage, ne fût-ce qu'à
titre de document historique. Denys Montfort l'accompagne d'une gravure qui montre un poulpe fantastique
enlaçant un navire; peut-être est-ce l'*ex-voto* de Saint-
Malo.

« Le capitaine Jean-Magnus Dens, homme respectable
et véridique, après avoir fait quelques voyages à la Chine
pour la compagnie de Gothembourg, était enfin venu
se reposer de ses expéditions maritimes à Dunkerque, où
il demeurait, et où il est mort depuis peu d'années, dans
un âge très-avancé. Il m'a raconté que, dans un de ses
voyages, étant par les 15 degrés de latitude sud, à une
certaine distance de la côte d'Afrique, par le travers de
l'île Sainte-Hélène et du cap Nigra, il y fut pris d'un
calme qui dura quelques jours, et il se décida à en profiter pour nettoyer son bâtiment et le faire approprier et
gratter en dehors. En conséquence, on descendit, le long
du bord, quelques planches suspendues, sur lesquelles
les matelots se placèrent pour gratter et nettoyer le vaisseau. Ces marins se livraient à leurs travaux, lorsque su-
bitement un de ces *encornets* nommés en danois *ancher-
troll* s'éleva du fond de la mer, et jeta un de ses bras
autour du corps de deux matelots, qu'il arracha tout
d'un coup avec leur échafaudage, et les plongea dans la
mer ; il lança ensuite un second de ses bras sur un autre
homme de l'équipage, qui se proposait de monter aux
mâts, et qui était déjà sur les premiers échelons des haubans. Mais comme le poulpe avait saisi en même temps
les fortes cordes des haubans, et qu'il était entortillé

dans leurs enflèchures, il ne put en arracher cette troisième victime, qui se mit à pousser des hurlements pitoyables. Tout l'équipage courut à son secours; quelques-uns, sautant sur les harpons et les fouanes, les lancèrent dans le corps de l'animal, qu'ils pénétrèrent profondément, pendant que les autres, avec leurs couteaux et des herminettes ou petites haches, coupèrent le bras qui tenait lié le malheureux matelot, qu'il a fallu retenir de crainte qu'il ne tombât à l'eau, car il avait entièrement perdu connaissance.

« Ainsi mutilé et frappé dans le corps de cinq harpons, dont quelques-uns, faits en lance et roulant sur une charnière, se développaient quand ils étaient lancés de façon à prendre une position horizontale et à s'accrocher ainsi par deux pointes et par un épanouissement dans le corps de l'animal qui en était atteint, ce terrible poulpe, suivi de deux hommes, chercha à regagner le fond de la mer par la puissance seule de son énorme poids. Le capitaine Dens, ne désespérant pas encore de ravoir ses hommes, fit filer les lignes qui étaient attachées aux harpons; il en tenait une lui-même, et lâchait de la corde à mesure qu'il sentait du tiraillement; mais quand il fut presque arrivé au bout des lignes, il ordonna de les retirer à bord, manœuvre qui réussit pendant un instant, le poulpe se laissant remonter : ils avaient déjà embarqué ainsi une cinquantaine de brasses, lorsque cet animal lui ôta toute espérance en pesant de nouveau sur les lignes qu'il força de filer encore une fois. Ils prirent cependant la précaution de les amarrer et de les attacher fortement à leur bout.

« Arrivés à ce point, quatre de ces lignes se rompirent; le harpon de la cinquième quitta prise, et sortit du corps de l'animal en faisant éprouver une secousse très-sensible au vaisseau. C'est ainsi que ce brave et honnête capitaine eut à regretter d'abord ses deux hommes, qui devinrent la proie d'un mollusque dont souvent il avait entendu parler dans le Nord, que cependant, jusqu'à cette époque, il avait entièrement regardé comme fabuleux, et à l'existence duquel il fut forcé de croire par cette triste aventure. Quant à l'homme qui avait été serré dans les replis d'un des bras du monstre et auquel le chirurgien du navire prodigua, dès le premier instant, tous les secours possibles, il rouvrit les yeux et recouvra la parole ; mais ayant été presque étouffé et écrasé, il souffrait horriblement, la frayeur avait aliéné ses sens ; il mourut la nuit suivante dans le délire.

« La partie du bras qui avait été tranchée du corps du poulpe, et qui était restée engagée dans les enfléchures des haubans, était presque aussi grosse à sa base qu'une vergue du mât de misaine, terminée en pointe très-aiguë garnie de capsules ou ventouses larges comme une cuiller à pot ; elle avait encore 5 brasses ou 25 pieds de long, et comme le bras n'avait pas été tranché à la base, parce que le monstre n'avait pas même montré sa tête hors de l'eau, ce capitaine estimait que le bras entier aurait pu avoir 35 à 40 pieds de long.

« Il rangeait cette aventure parmi les plus grands dangers qu'il eût connus en mer[1]. »

On ne revit plus le poulpe, mais l'équipage, effrayé, ayant aperçu une baleine, crut que son ennemi revenait à la charge, et d'un coup de canon tua le malencontreux cétacé.

Pernetti, enfin, fait un récit analogue.

Tous ces récits, les légendes norwégiennes, les tradi-

---

[1] Denys Montfort, *Mollusques*, dans *Buffon* (éd. *Sonnini*, t. II).

tions léguées par l'antiquité gréco-romaine, les descriptions pompeuses des plongeurs siciliens qui parlaient de poulpes grands comme des hommes avec des bras de 10 pieds, tout cela influait sur l'opinion des savants. Plusieurs, notamment Bosc, Valmont de Bomare, et Lachesnaye des Bois, commencèrent à penser et à dire que derrière toutes ces fables devait se cacher quelque vérité.

Tel était l'état de la question au commencement du dix-neuvième siècle.

LES CÉPHALOPODES GIGANTESQUES DE NOS JOURS

Ce n'est que de nos jours que les naturalistes ont eu enfin en leur possession des céphalopodes gigantesques. Ainsi que nous l'avons vu, ils n'avaient fait jusque-là qu'en entendre parler; mais, sauf le Révérend Früs, aucun n'en avait examiné par lui-même.

Il n'en est plus ainsi.

M. Verany parle d'un calmar qui avait 1ᵐ,655 de longueur et pesait 12 kilogrammes. Près de Nice, on en a pêché un qui pesait 15 kilogrammes, et on en a trouvé un semblable en Dalmatie, sur le rivage; il est maintenant au musée de Trieste.

M. Paul Gervais a signalé un céphalopode qui mesure 1ᵐ,820. Il a été pris à Cette, et fait partie des collections de la Faculté des sciences de Montpellier.

Mais, jusqu'ici, tous ces mollusques sont loin d'approcher des dimensions colossales et de l'apparence effrayante du kraken. Voici quelques observations d'êtres plus volumineux.

Près de la Tasmanie, le voyageur Péron rencontra une

sèche aussi grosse qu'un baril. Elle roulait pesamment sur les vagues, tordant comme de hideux serpents ses bras, qui avaient environ 0m,20 de diamètre à la base et 7 pieds de longueur.

Lors du voyage autour du monde de *l'Uranie*, Quoy et Gaimard, attachés à l'expédition, recueillirent près de l'équateur une moitié du corps, sans les bras, d'une énorme sèche. D'après ce débris, ils évaluèrent que l'animal entier devait peser plus de 50 kilogrammes.

Dans les mêmes eaux, Rang vit un de ces mollusques du volume d'*un tonneau*, de couleur rouge. On se rappelle que telle était aussi la couleur du tentacule vu par le baleinier Reynolds.

Pennant observa une sèche dont les bras avaient 54 pieds anglais de longueur, et le corps 12 pieds de diamètre.

Les touristes peuvent voir, dans le musée du Collége des chirurgiens, à Londres, une mandibule, un bec de céphalopode large comme la main. Une autre mandibule, de près de 2 pieds, mais fossile, a été trouvée par M. Dujardin.

Un savant de Copenhague, qui a étudié d'une manière spéciale ces animaux, Steenstrup, a publié d'intéressantes observations sur diverses espèces de mollusques gigantesques. Il eut occasion d'étudier un de ces monstres que la mer abandonna en 1853 sur le rivage du Gutland; cette fois, les pêcheurs ne le laissèrent pas pourrir comme du temps de D. Früs (p. 31); ils le dépecèrent et l'enlevèrent. Son corps fournit la charge de plusieurs brouettes. L'arrière-bouche, qui fut conservée, était grande comme la tête d'un enfant. M. Steenstrup montra à M. Auguste Duméril, professeur au Jardin des Plantes, un tronçon de bras d'une autre espèce, gros comme la cuisse.

« Un capitaine américain, que j'ai beaucoup connu à New-York, dit B.-H. Révoil, m'a raconté qu'en 1836, se trouvant dans les atterrages des îles Lucayes, son navire avait été attaqué par un poulpe qui, étendant ses bras gigantesques, avait atteint et entraîné deux hommes de son équipage dans la mer. D'un coup de hache, le timonier en chef lui trancha un bras. Cet appendice monstrueux mesurait 3 mètres 1/2 de long, et sa grosseur était celle d'un homme. J'ai vu ce curieux spécimen d'histoire naturelle dans le Muséum de M. Barnum à New-York, où il est contenu, racorni et replié sur lui-même, dans un énorme bocal rempli d'alcool. »

Nous n'oserions, tant s'en faut, garantir la véracité de ce drame, mais du moins on peut admettre l'existence du tentacule.

Enfin, M. Hartig a fait dessiner et a décrit, en 1860, un poulpe colossal du musée d'Utrecht.

Mais, de toutes ces observations, la plus complète et celle qui, à juste titre, a le plus attiré l'attention publique, est celle faite par M. Bouyer, lieutenant de vaisseau, commandant l'aviso à vapeur l'*Alecton*.

Nous laisserons cet officier parler lui-même, complétant seulement sa description à l'aide des documents obtenus des officiers par M. Sabin Berthelot, et que ce naturaliste communiqua à l'Académie des sciences en 1862.

M. Bouyer, appuyé sur le bastingage de son bâtiment, laissait errer ses pensées, lorsqu'un matelot vint interrompre sa rêverie :

« — Commandant, la vigie signale un débris flottant par bâbord.

« — C'est un canot chaviré.

« — C'est rouge, ça ressemble à un cheval mort.

« — C'est un paquet d'herbes.

« — C'est une barrique.

« — C'est un animal : on voit les pattes.

« Je me dirigeai aussitôt vers l'objet signalé et qui était si diversement jugé, et je reconnus le poulpe géant, dont l'existence constatée semblait reléguée dans le domaine de la fable.

« Je me trouvais donc en présence d'un de ces êtres bizarres que la mer extrait parfois de ses profondeurs, comme pour porter un défi aux naturalistes.

« L'occasion était trop inespérée et trop belle pour ne pas me tenter. Aussi eus-je bien vite pris la résolution de m'emparer du monstre, afin de l'étudier de plus près.

« Aussitôt, tout est en mouvement à bord, on charge les fusils, on emmanche les harpons, on dispose les nœuds coulants, on fait tous les préparatifs de cette chasse nouvelle.

« Malheureusement la houle était très-forte, et dès qu'elle nous prenait par le travers, elle imprimait à l'*Alecton* des mouvements de roulis désordonnés qui gênaient les évolutions, tandis que l'animal lui-même, quoique restant toujours à fleur d'eau, se déplaçait avec une sorte d'instinct, et semblait vouloir éviter le navire.

« Après plusieurs rencontres qui n'avaient permis encore que de le frapper d'une vingtaine de balles auxquelles il paraissait insensible, je parvins à l'*accoster* d'assez près pour lui lancer un harpon ainsi qu'un nœud coulant, et nous nous préparions à multiplier le nombre de ses liens, quand un violent mouvement de l'animal ou du navire fit déraper le harpon qui n'avait guère de prise dans cette enveloppe visqueuse ; la partie où était enroulée la corde se déroula, et nous n'amenâmes à bord qu'un tronçon de la queue.

« C'est un *encornet* colossal ; son corps mesure 5 à

Fig. 5. — Le calmar de Bouyer.

6 *pieds de longueur;* les tentacules, au nombre de *huit*[1], ont la même dimension. Il est d'*un rouge brique;* son corps est très-renflé vers le centre; ses yeux aplatis, glauques, *grands comme des assiettes,* fixes. Dans le combat, qui dura trois heures, il vomit de l'écume, du sang et des matières gluantes qui répandirent une forte *odeur de musc.* Sa queue se termine par deux lobes, ce qui caractérise le genre calmar.

« Officiers et matelots me demandèrent à faire amener un canot pour essayer de garrotter de nouveau le monstre, et de l'amener le long du bord. Ils y seraient peut-être parvenus si j'eusse cédé à leurs désirs ; mais je craignais que, dans cette rencontre corps à corps, l'animal ne lançât un de ses longs bras armés de ventouses sur le bord du canot, ne le fît chavirer, n'étouffât plusieurs hommes dans ces fouets redoutables, chargés, dit-on, d'effluves électriques et paralysants, et comme je ne voulais pas exposer la vie de mes hommes pour satisfaire une vaine curiosité, je dus m'arracher à l'ardeur fiévreuse qui nous avait saisis tous pendant cette poursuite acharnée, et j'ordonnai d'abandonner sur les flots le monstre mutilé qui nous fuyait maintenant, et qui, sans paraître doué d'une grande rapidité de déplacement, plongeait de quelques brasses et passait d'un bord à l'autre du navire dès que nous parvenions à l'aborder.

« La partie de sa queue que nous avions à bord pesait 14 kilogrammes. C'est une substance molle, répandant

---

[1] La forme de l'animal décrit par M. Bouyer est celle d'un calmar, et cependant les poulpes seuls ont huit bras égaux. Il est donc probable qu'il avait perdu ses deux bras majeurs dans quelque lutte sous-marine et que c'est son état maladif qui l'empêcha de plonger rapidement, et de jeter de l'encre, selon l'habitude des céphalopodes effrayés.

une forte odeur de musc. La partie qui correspond à l'épine dorsale commençait à acquérir une sorte de dureté relative. Elle se rompait facilement et offrait une cassure d'un blanc d'albâtre. L'animal entier, d'après mon appréciation, pesait de 2 à 3 tonneaux (4 à 6,000 livres). Il soufflait bruyamment; mais je n'ai pas remarqué qu'il lançât cette substance noirâtre au moyen de laquelle les petits encornets que l'on rencontre à Terre-Neuve troublent la transparence de l'eau pour échapper à leurs ennemis. Des matelots m'ont raconté qu'ils avaient vu, dans le sud du cap de Bonne-Espérance, des poulpes pareils à celui-ci, quoique de taille un peu moindre. Ils prétendent que c'est un ennemi acharné de la baleine ; et, de fait, pourquoi cet être qui semble une grossière ébauche, ne pourrait-il atteindre des proportions gigantesques? Rien n'arrête sa croissance, ni os, ni carapace; l'on ne voit pas *a priori* de bornes à son développement.

« Quoi qu'il en soit, cet horrible échappé de la ménagerie du vieux Protée me poursuivra longtemps dans mes nuits de cauchemar. Longtemps je retrouverai fixé sur moi ce regard vitreux et atone, et ces huit bras qui m'enlacent dans leurs replis de serpents. Longtemps je garderai la mémoire du monstre rencontré par *l'Alecton*, le 30 novembre 1861, à deux heures de l'après-midi, à 40 lieues de Ténériffe.

« Depuis que j'ai de mes yeux vu cet étrange animal, je n'ose plus fermer dans mon esprit la porte de la crédulité aux récits des navigateurs. Je soupçonne la mer de n'avoir pas dit son dernier mot, et de tenir en réserve quelques rejetons des races éteintes, quelques fils dégénérés dés trilobites, ou bien encore d'élaborer dans son creuset toujours actif des moules inédits pour en faire l'effroi des matelots et le sujet des mystérieuses légendes des océans. »

Divers renseignements permettent d'espérer que le calmar de Bouyer (*Loligo Bouyeri*, Crosse et Fischer), ainsi que l'on a baptisé le monstre, se montrera encore à nos marins, et qu'il sera possible de le prendre.

En effet, outre les matelots de M. Bouyer, nombre de marins affirment qu'il n'est point rare. C'est ainsi que des pêcheurs des Canaries ont assuré à M. Sabin Berthelot qu'ils avaient rencontré souvent ce poulpe, tandis que M. Revoil recueillait les mêmes assertions au Canada, et le savant M. Lacaze-Duthiers sur les côtes de la Manche. Tous s'accordent, du reste, à dire que jamais ils ne l'ont vu qu'en pleine mer, bien loin de tout rivage.

Un calmar de 12 pieds ! ne voilà-t-il pas la fable du kraken pleinement justifiée ? Il n'en fallait pas tant pour terrifier des pêcheurs montés sur de simples barques, et pour excuser leurs exagérations !

POISSONS

III

UNE POIGNÉE D'HORREURS

LES SCORPÈNES

Si vous avez jamais ouvert la *Faune japonaise* de Siebold, vous avez dû être frappé du nombre et de la variété d'horribles bêtes qui étalent à chaque page leur portrait repoussant. Il semble que nulle part on ne puisse trouver pareille collection de monstres. Cependant nous possédons aussi sur nos côtes quelques poissons qui ne sont pas moins hideux.

Nous avons fait reproduire par un habile crayon quelques-uns de ces êtres, et c'est d'eux que nous devons dire un mot.

« Çà et là, dit Lesson, en parlant des récifs de l'Océanie, retirées dans les crevasses de la pierre, apparaissent de nombreuses *murénophies* à morsure parfois dangereuse, au corps singulièrement bariolé — ou des *scorpènes* bizarres dont les formes fantastiques en font des poissons qui surpassent en laideur ce que l'imagination aurait pu enfanter de plus capricieux. »

Il suffit de jeter un coup d'œil sur la *scorpène de l'île de France*, pour être convaincu que ce naturaliste n'a

4

exagéré en rien. C'est à peine si on trouverait dans ces monstres bizarres dont fourmille la célèbre *Tentation* de Callot un être aussi étrange, aussi invraisemblable.

Les scorpènes doivent à leur tête grosse et épineuse, à la peau molle et spongieuse qui les enveloppe le plus souvent,

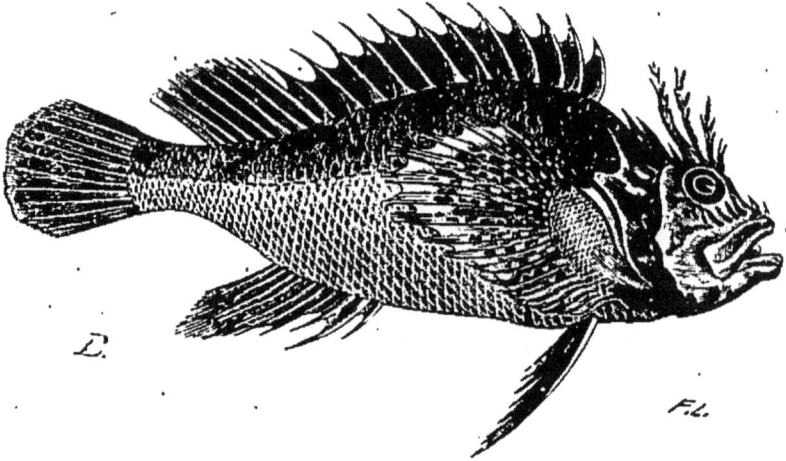

Fig. 6. — Scorpène de l'île de France.

aux épines aiguës qui se dressent sur leur dos et leur ventre, un aspect horrible et dégoûtant.

Plusieurs espèces vivent dans nos mers, mais celle que nous donnons ici, et qui est colorée de rouge et d'incarnat, n'a jamais été pêchée que dans les parages de l'île de France.

La piqûre des épines de ces poissons est venimeuse, ce qui n'empêche pas qu'on ne se nourrisse de leur chair, qui passe même pour assez bonne.

Les scorpènes vivent la plupart par troupes en pleine mer. Elles sont assez abondantes dans la Méditerranée, mais rares dans la Manche, et aucune de celles de nos rivages n'est aussi laide que celles des mers chaudes.

C'est à côté de l'espèce dont nous venons de parler qu'on pêche la *scorpène horrible* dont la couleur générale est variée de brun et de blanc. Sa tête est énorme et couverte de protubérances dont quatre forment des sortes de cornes.

Le corps et la queue sont garnis de tubercules calleux ; les nageoires sont déchiquetées affreusement.

Cet animal se nourrit de crabes et de mollusques.

Dans les rivières du Japon et dans celles d'Amboine, on prend une autre scorpène qui, seule peut-être entre tous les poissons d'eau douce, peut se soutenir en l'air à l'aide des nageoires de grandes dimensions qu'elle porte sur la poitrine. Elles dépassent la longueur du corps, et la membrane qui unit les rayons (ou os) des nageoires, est élastique et lâche.

Il paraît que la *scorpène volante* ne chasse que des poissons très-jeunes et peu redoutables pour elle, et qu'en dépit des apparences, elle n'évite qu'avec la plus grande difficulté la dent de ses ennemis.

HÉMITRIPTÈRE D'AMÉRIQUE

On rencontre à Terre-Neuve et sur les côtes d'Amérique un poisson qui se rapproche des scorpènes. Ses dimensions, comme sa coloration, sont variables. Ici d'un beau jaune citron, avec des marbrures brunes ou noirâtres sur les flancs ; là d'un rouge carminé très-éclatant sur les côtés, bruns sur le dos et blanc sur le ventre ; autre part il est gris varié de brun. Ici, long de 13 pouces, là, de 2 pieds et plus.

Ce poisson c'est l'*hémitriptère d'Amérique*.

On le prend en même temps que les morues, aux mêmes lignes que ces dernières. Une fois on trouva dans l'estomac d'un hémitriptère un petit congre tout entier.

L'hémitriptère est vêtu d'une peau flexible, finement granuleuse, semée de petits tubercules ; quelques lambeaux charnus pendent de son corps, surtout de la mâchoire inférieure. Sa tête est hérissée d'épines et de tubercules. La figure 8 (page 63) donnera d'ailleurs une idée infiniment plus exacte de son aspect que ne pourrait le faire la description la plus précise et la plus minutieuse.

CHIMÈRE MONSTRUEUSE

Dans les mers d'Europe, l'océan Pacifique, la mer du Japon, on trouve la chimère monstrueuse.

Fig. 7. — Chimère monstrueuse.

Cette chimère atteint 2 pieds de longueur. Son dos est

argenté, tandis que les nageoires sont colorées en brun foncé. Au sommet de la tête est un curieux appendice. C'est un petit os ayant la forme d'une cuiller de bois fixée dans le front par le manche, recourbé en avant, et hérissé d'aiguillons à la face inférieure. Quel est l'usage de cet appareil? pourquoi ce crochet muni d'aiguillons comme s'il devait servir à l'animal pour s'accrocher à une substance élastique quelconque? On l'ignore.

La chimère monstrueuse poursuit les harengs avec fureur. On la pêche en pleine mer pendant l'été et elle ne se rapproche que d'une seule terre : les côtes septentrionales du Japon, et à une seule époque : l'automne.

LE MALARMAT

Le *malarmat* (*péristédion malarmat*), poisson méditerranéen, est ainsi nommé, selon Rondelet, par antiphrase ; car il est le mieux armé de tous les poissons de nos côtes.

Son corps est recouvert de plaques osseuses, mobiles, qui rappellent les armures dont étaient jadis revêtus les hommes d'armes, et qui lui forment une arme défensive admirable.

C'est un vilain animal ; son corps, octogone, s'allonge en pointe, à partir de la tête, qui est disproportionnée. Devant son museau sont deux fourches longues et pointues dont il se sert dans les combats. Sous la mâchoire inférieure, plusieurs barbillons de chair, ramifiés et déchiquetés, dessinent leurs festons hideux.

Son dos est d'un beau rouge, qui prend sur les flancs une teinte dorée et devient sous le ventre d'un blanc plus ou moins argenté.

Il se nourrit de petits crustacés, de méduses et de mollusques, et se tient dans les eaux profondes. Ce n'est qu'à l'époque du frai, c'est-à-dire vers l'équinoxe, qu'imitant l'exemple que lui donnent les sardines, les harengs, etc., il se rapproche des côtes pour pondre ses œufs.

Le malarmat vit solitaire et nage avec une telle impétuosité, que souvent il vient briser contre les rochers les épines de son museau.

Quoique sa chair soit dure et maigre, les pêcheurs ne laissent pas de le prendre et de le manger.

Pline prétend que ses cornes ont un pied et demi, ou, selon la version de Rondelet, un demi-pied de long, ce qui est parfaitement faux, ces appendices étant hauts de quelques centimètres à peine chez les plus grands individus.

PELORS FILAMENTEUX

« Dans cette famille des joues cuirassées, dit Cuvier, si abondante en poissons de figure singulière, et parmi ces genres voisins des scorpènes, qui se font presque tous remarquer par leur laideur, il en existe un plus difforme et, on peut le dire, plus monstrueux que tous les autres, et que nous avons cru devoir désigner par un nom qui rappelât sa difformité : c'est le genre des *pélors*. »

C'est encore à l'île de France, la patrie de l'affreuse scorpène que nous décrivions tout à l'heure, qu'on trouve le *pélor filamenteux*, cet être tellement hideux, que l'imagination a peine à concevoir que son image ne soit pas le résultat des divagations d'un fou bien plutôt que la scrupuleuse copie de la nature.

Son corps est allongé; son ventre renflé; ses joues sont

Fig. 8. — 1. Diodon pileux. — 2. Pélor filamenteux. — 3. Hémitriptère.

concaves ; ses yeux, relevés et rapprochés ; les épines de sa nageoire dorsale, droites, séparées, chargées d'arbuscules charnus ; de la nageoire qui nous masque les ouïes pendent de mollasses filaments ; sous elles tombent des doigts libres et crochus ; ses nageoires ventrales sont réduites à une crête.

Une enveloppe mollasse, qui cède sous le doigt comme ferait une éponge, recouvre tout son corps. Des filaments, des lambeaux plats et déchiquetés sont suspendus de toutes parts.

Le *pélor filamenteux* est gris, marbré de taches brunes de différentes grandeurs et tout semé de petits points blancs, « comme s'il était, dit Cuvier, un peu saupoudré de farine. » Des teintes roses paraissent sur la tête, des points colorés ou blancs tigrent la langue et jusqu'au palais. Le ventre et la face interne des nageoires de côté sont blancs.

On n'a guère de détails sur les habitudes de ce monstre. On sait seulement, par les débris qu'on a retrouvés dans son estomac, qu'il se nourrit de crustacés.

MONOCENTRE DU JAPON

Ce poisson extraordinaire n'a jamais été pêché que dans les mers du Japon, et on a droit de s'étonner que les habitants si observateurs de ces pays n'aient signalé cet animal dans aucune de leurs encyclopédies. Aussi ignore-t-on complètement ses mœurs.

A l'état sec, il est d'un gris jaunâtre, et les lignes anguleuses qui séparent ses écailles sont d'un brun foncé. Aussi semble-t-il couvert d'une sorte de réseau. On ne sait si ce sont là aussi les couleurs qui l'animent pendant sa vie.

Son corps entier est cuirassé. Sa tête, comme celle des scyènes, présente des arêtes saillantes qui rappellent vaguement les ogives gothiques. Mais ces arêtes ne sont pas

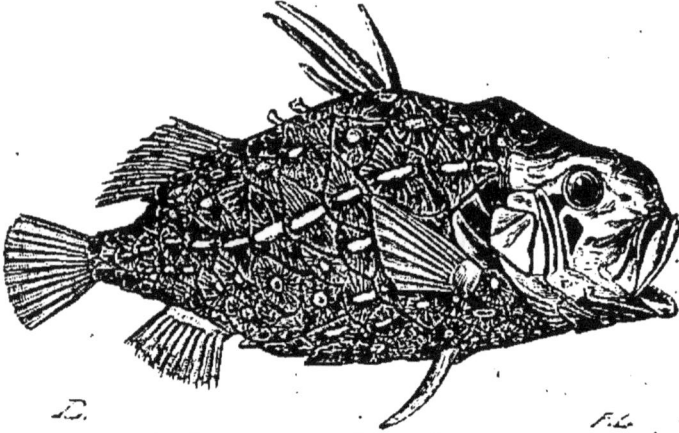

Fig. 9. — Monocentre du Japon.

recouvertes par la peau : leurs sommités sont dénudées, osseuses, âpres au toucher. L'espace qui sépare ces arêtes, les dépressions, en un mot, ne sont fermées que par des membranes transparentes. Enfin les écailles du corps, larges, anguleuses, dentelées sur les bords, forment ensemble une cuirasse fixe, aussi solide que celle du malarmat.

LA BAUDROIE

La baudroie a une tête énorme, avec une gueule démesurée, qui rappelle beaucoup celle d'une grenouille, ou plutôt d'un crapaud dégoûtant.

Les nageoires ressemblent grossièrement à la main de

l'homme; la bouche est surmontée de longs filaments qui imitent des cornes.

Il semble qu'on voie un de ces démons bizarres dont les graveurs anciens peuplaient leurs enfers. On en voit d'analogues dans l'image bien connue qui représente la

Fig. 10. — Baudroie.

Tentation de saint Antoine. Inutile de dire que ces monstres ne sont pas là pour le *tenter :* ce serait peu ingénieux.

Les marins l'appellent *diable de mer,* et plus d'une fois de mauvais plaisants ont effrayé des personnes crédules et timides en plaçant le soir une lampe dans l'intérieur de sa dépouille desséchée.

Des barbillons vermiformes garnissent son corps, sa queue, sa tête, pendant de toutes parts. Elle est brune au-dessus, blanche au-dessous et a la queue noire.

On rencontre sur nos côtes des baudroies d'un mètre et demi. Pontoppidan assure qu'en Norwége on en prend de plus de 12 pieds. C'est donc un énorme poisson : mais il est peu dangereux, malgré son apparence formidable, car ses cornes sont flexibles, ses mouvements lents, sa queue peu agile.

Pour saisir leurs proies, ils ont recours à la ruse, s'enfoncent dans la vase, se recouvrent de varechs, se cachent sous des pierres, et, prétend Lacépède, ne laissent passer que leurs cornes qu'ils agitent pour les faire ressembler à des vers. Les autres poissons s'avancent, attirés par cet appât, et il peut se jeter dessus pour les dévorer. Le détail sur les cornes appât n'a peut-être pas assez été observé.

On trouve dans les mers chaudes une petite espèce de baudroie, la *chironecte rude*.

POISSONS ÉTRANGES

Dans le chapitre précédent, nous nous sommes efforcé de réunir quelques-uns des plus horribles poissons ; dans celui-ci, nous examinerons maintenant les plus remarquables parmi ceux dont les formes ou les propriétés sont surtout bizarres. Sans doute, les deux chapitres pourraient presque se fondre ensemble, car qui dit étrange, dit souvent laid ; mais, néanmoins, nous voulons essayer de parler séparément des poissons dégoûtants ou affreux et des poissons simplement curieux, tels que la rémora, les poissons volants, les poissons cuirassés et le marteau.

LA RÉMORA OU ARRÊTE-VAISSEAU

Ce sont vraiment de curieux petits poissons que les *rémoras*, avec leurs ventouses ovales sur la tête et leur corps d'un brun uniforme ou agrémenté de bandes claires sur les flancs.

La ventouse, on le sait, se compose d'un bord épais et contractile, ovale, encadrant un fond plat, garni de plu-

sieurs rangées de lames transversales, parfois dentelées
finement, suivant les espèces; le nombre de ces lames
varie de dix à vingt-sept paires.

Les rémoras, et en particulier le *sucêt* (*echeneis remora*),

Fig. 11. — La rémora.

si abondant dans la Méditerranée, n'ont que des écailles
membraneuses très-difficiles à voir.

Grâce à une petite vessie qu'ils peuvent remplir d'air à
volonté en extrayant ce gaz de leur élément, la plupart
des poissons peuvent s'alléger — imitant en cela le na-
geur, qui se soutient à la surface à l'aide de ballons fixés
sous les aisselles — et se faire remonter à la surface.

Chez les rémoras cet organe manque; mais, en échange,
le Créateur leur a donné leur ventouse, à l'aide de laquelle
ils peuvent se fixer solidement par la nuque au ventre des
autres poissons, et se faire ainsi monter, descendre, transporter, sans aucune fatigue.

Les lames de leur disque sont très-mobiles et fixées par
la base à des muscles spéciaux. C'est en les faisant jouer
qu'ils produisent un vide entre le fond de la ventouse et

l'objet appliqué sur ses bords, le ventre d'un requin, par exemple. Nous avons déjà vu un phénomène analogue chez les céphalopodes. Le vide fait dans cette chambre, le poisson est solidement collé, jusqu'à ce que les lames se rabattant les unes sur les autres (comme les planchettes d'une jalousie), cessent de tenir le fond de la ventouse écarté de force de la peau du requin. Le vide cesse alors d'exister, et les deux animaux peuvent se séparer.

Si nous avons pris le requin comme exemple, c'est qu'en effet on trouve très-fréquemment des échéneis attachés au redoutable squale, et il est intéressant de voir un faible poisson, incapable d'opposer la moindre résistance à tout ennemi qui voudrait l'attaquer, se mettre sous la protection, devenir le parasite du plus redoutable des animaux aquatiques, sans que celui-ci, malgré toute sa force et son agilité, ait en aucune manière le pouvoir de se débarrasser de son hôte involontaire.

La force de cohésion de sa ventouse est considérable. Pendant la tempête, il se soude aux bas-fonds et résiste ainsi aux courants et aux flots du fond.

Commerson rapporte, dans ses manuscrits, que, pendant son voyage autour du monde avec Bougainville, ayant voulu approcher son pouce de la ventouse d'une rémore vivante qu'il observait, il éprouva une traction telle, qu'une sorte de paralysie saisit son doigt et ne se dissipa que longtemps après qu'il eut cessé de toucher ce poisson.

Ce même naturaliste, si consciencieux, si fidèle dans toutes ses descriptions, parle d'une pêche qu'il a vu faire sur les côtes de Mozambique, à l'aide d'une rémora, le *reversus* (*echeneis naucrates*). Déjà, bien longtemps avant, le savant Rondelet, un des génies dont la France a le droit de se glorifier, avait écrit le passage suivant, tellement

extraordinaire, que la plupart des naturalistes le révoquè-
rent en doute jusqu'à ce que la véracité du fond de l'anecdote fût confirmée par Commerson :

« Ce poisson (le *reversus*) est de nature merveilleuse,
telle que l'éléphant ; car il est docile et s'apprivoise, et
entend quand on parle à lui, tellement que les Indiens
s'en servent pour pêcher... Quand ils ont pris ce poisson,
ils le gardent et l'apprivoisent pour s'en aider à pêcher
les *tiburos* et *manos*, et autres grands qui ont des poumons, par ce nagent au haut de l'eau. Ils l'attachent donc
avec petites chordes où pendent des petites pièces de
liége ; ils l'exhortent, et incitent par douces paroles pour
avoir courage à prendre la proie, et la tirer hors de
l'eau, ce que fait ce poisson, puis le remercient et le
louent, comme s'il entendait. Autant en ferait étant
libre. »

Aujourd'hui, on ne se sert du naucrate que pour chasser la tortue. On attache à sa queue un anneau assez large
pour ne le pas incommoder, assez étroit pour être arrêté
par la nageoire terminale de la queue. A cet anneau on
noue une longue cordelette, puis on transporte le reversus
dans un baquet d'eau de mer à bord de la pirogue. Les
tortues dorment souvent à la surface de l'eau ; dès qu'on
en aperçoit une dans ce cas, on approche aussi silencieusement que possible, puis on remet dans la mer le poisson
captif, qui cherche aussitôt à s'éloigner. On lui lâche seulement une longueur de corde égale à la distance qui sépare la tortue des pêcheurs. Alors la rémora, tournant en
tendant sa corde, comme un chien à la chaine, finit par
trouver la tortue sur son chemin, et cherchant un asile
sous son plastron, vient s'y fixer fortement. Il suffit alors
de tirer doucement la corde pour amener les deux ensemble. Puis, pour la détacher, on la prend et on la fait glis-

ser sur le plastron d'arrière en avant : les lames se renversent d'elles-mêmes et la ventouse cède.

Sans doute, voilà bien assez de particularités bizarres pour illustrer ce petit animal ; mais les anciens ne s'en contentaient pas encore, ils amplifiaient à toute force, et comme les rémoras se fixent parfois sur les carènes des navires, ils imaginaient qu'ils pouvaient les arrêter dans leur marche.

« C'est Pline surtout qu'il faut entendre à ce sujet, et s'il n'est pas vrai (comme le soutient Geoffroy Saint-Hilaire), que le naturaliste romain ait écrit son *Histoire naturelle* sans chercher en rien à élaguer les fables, il faut avouer que ce fut bien le plus crédule des hommes.

« Qu'y a-t-il de plus violent, dit-il, que la mer, les vents, les tourbillons et les tempêtes? Quels plus grands auxiliaires le génie de l'homme s'est-il donnés que les voiles et les rames? Ajoutez la force inexprimable des flux alternatifs, qui font un fleuve de tout un océan. Toutes ces puissances et toutes celles qui pourraient se réunir à leurs efforts, sont enchaînées par un seul et très-petit poisson qu'on nomme *écheneis...* On rapporte que, dans la bataille d'Actium, ce fut un écheneis qui arrêta le navire d'Antoine... Plus récemment, le bâtiment monté par Caius, lors de son retour d'Andura à Antium, s'arrêta sous l'effort d'un de ces poissons... Doué d'une puissance bien plus étonnante, il arrête l'action de la justice... éteint les feux de l'amour... protége les femmes enceintes ! »

Au moyen âge encore, ces fables étaient en vigueur; et le poëte Du Bartas, les célébrant, nous apprend que,

La rémore, fichant son débile museau
Contre le moite bord du tempeste vaisseau,
L'arreste tout d'un coup au milieu d'une flotte.

Et, autre part, il revient encore sur cette puissance, et interpelle la rémora. Il lui parle ainsi :

> Dy nous en quel endroit, ô rémore, tu caches,
> L'ancre qui tout d'un coup bride les mouvements
> D'un vaisseau combattu de tous les éléments.

Ce que nous nous demandons, nous, c'est quelles devaient être les croyances populaires lorsque les savants donnaient créance à de telles absurdités?

LES POISSONS VOLANTS

Un matelot yankee, de retour dans son village après de longues pérégrinations, racontait ses voyages devant nombreuse compagnie : « J'ai vu, disait-il, des îles dont les montagnes étaient en sucre, et dont les rivières roulaient des flots de *brandy*; et sur la mer j'ai tué des poissons qui volaient! » Mais chacun secoua la tête à cette dernière assertion, et l'un des auditeurs, prenant la parole, lui dit sévèrement : « L'ami, je crois volontiers à vos montagnes de sucre et à vos rivières de brandy; mais l'histoire des poissons qui volent est un affreux mensonge? »

Cette anecdote que raconte un voyageur montre bien avec quelle peine les gens ignorants admettent des faits réels, mais qui leur semblent en contradiction avec toutes les idées reçues, car il n'est pas un de mes lecteurs qui ne puisse citer une longue liste de poissons volants.

A vrai dire, ces animaux ne volent pas, c'est-à-dire qu'ils ne se servent pas de leurs immenses nageoires de la

Fig. 12. — Poissons volants (dactyloptère).

même manière que les oiseaux de leurs ailes, mais bondissent hors de l'eau, et, à l'aide de ces *nageoires parachutes*, se soutiennent pendant un long espace avant de retomber.

Il y a plusieurs sortes de poissons volants : les *exocets*, les *dactyloptères*, la *scorpène volante*, le *prionote volant*, le *trigle milan*, le *trigle lanterne* et le *pégase volant*.

Les anciens avaient vu ces animaux, et Aristote fait remarquer avec raison qu'on ne peut appeler voix le bruit qu'ils produisent lorsqu'ils sautent, attendu que ce son est dû simplement à la vibration des nageoires dans l'air, et ne vient nullement du gosier.

On ne connaissait alors que l'*exocet volant* ou *faucon de mer*, et le *trigle milan* ou *milan* de mer [1].

Le plus répandu de tous est l'*exocet volant*, qui habite la Méditerranée, la Baltique et l'Océan, mais est surtout commun entre les tropiques.

C'est un beau poisson, resplendissant presque partout d'un éclat argentin, relevé par l'azur qui décore sa tête, son dos, ses côtés, et par le bleu foncé de sa queue et de sa nageoire dorsale.

Chez le *trigle milan*, le rouge domine à la partie supérieure, et souvent on voit des belles taches noires, bleues ou jaunes sur ses grandes nageoires. La ligne latérale est garnie d'aiguillons.

On le trouve dans l'océan Atlantique et la Méditerranée. Sa chair est sèche et dure.

Le *dactyloptère volitans* ou *hirondelle de mer*, qui porte encore ce nom sur les côtes de la Méditerranée, n'est pas

---

[1] On a cru que Pline parlait aussi d'un trigle phosphorescent (*Lucerna*), mais c'était une erreur. Du reste, quoi qu'en dise Lacépède, il n'existe pas de poissons volants lumineux.

moins splendide que les deux poissons dont nous venons
de parler. Le dos est rouge, la tête violette, les premières
nageoires du dos, et la queue bleu céleste ; la seconde
nageoire du dos verte ; les grandes nageoires de la poitrine, vert olive, parsemé de taches rondes et bleu saphir ;
enfin l'œil, rouge sang. Est-il possible de voir un plus
brillant assemblage? Le papillon le plus splendide ne
saurait étaler aux yeux des couleurs plus vives, plus
belles et plus variées.

Mais quel service peut rendre aux poissons volants
leur merveilleuse parure? Des couleurs ternes leur permettraient peut-être de fuir la dent vorace des bonites et
de mille autres poissons carnassiers, tandis que leur
éclat ne fait que les trahir. Il est vrai que, pour leur
échapper, ils ont des ailes ; mais, tout d'abord, leur vol
est de courte durée, et l'ennemi qui les guette sait fort
bien attendre le poisson volant au moment où, nouvel
Antée, il est contraint par la dessiccation de ses nageoires
de reprendre des forces dans l'élément natal ; puis dans
l'air même, il est en butte aux attaques des *albatros*, des
frégates, et autres oiseaux marins.

Ainsi la condition du poisson volant est des plus malheureuses ; sans cesse poursuivi, sans cesse menacé dans
sa précaire existence, il ne trouve nulle part un abri certain, et ne sait ni voler assez bien pour fuir l'oiseau, ni
nager assez vite pour lutter avec le poisson.

Souvent on les voit par bandes nombreuses raser dans
leurs bonds la surface de l'eau, semblables à des hiron-
delles aquatiques fuyant toutes ensemble quelque animal
carnassier ; et, plus d'une fois, il arrive qu'en s'élançant
ainsi, ils viennent tomber sur le pont des navires. Les
matelots les ramassent, et, quoique la chair en soit bien
sèche et bien mauvaise, les mangent : on est si heureux,

en pleine mer, de se nourrir d'autre chose que de salaisons ! Et c'est ainsi qu'ils apprennent

> . . . . à leurs dépens
> Que l'on ne doit jamais avoir de confiance
> En ceux qui sont mangeurs de gens...

Mais

> Qu'importe qui vous mange, homme ou loup ? toute panse
> Me paraît une à cet égard.

LE MOLE — LE TÉTRODON

Il est un poisson dont le corps est si comprimé latéralement, si aplati, si arrondi dans son contour vertical, qu'on ne voit, en regardant un de ses côtés, qu'une sorte de disque. Aussi l'a-t-on appelé lune, soleil, etc. C'est le môle (*orthagoriscus mola*, ou *tetrodon mola* (fig. 13).

On le trouve fréquemment dans toutes les mers, depuis le cap de Bonne-Espérance jusqu'à la mer du Nord.

Il est argenté et brillant pendant le jour, phosphorescent pendant la nuit. Lacépède affirme qu'il atteint 4 mètres de longueur ; Borlase parle d'un môle pris en 1755, sur les côtes d'Irlande, et qui avait 8 à 9 mètres ; ce sont là des erreurs dues probablement à ce que le môle aura été confondu avec quelque autre poisson. En réalité, les môles les plus grands ont 2 pieds environ de longueur, et à peu près la même hauteur.

Les môles déchirent les filets tendus pour prendre des bonites, et parfois s'empêtrent et restent pris ; mais c'est là une triste capture. Le foie seul est mangeable, le reste n'est bon qu'à jeter ; car sa chair déplaît non-seulement par sa nature gluante et visqueuse, mais encore par sa mauvaise odeur. Elle donne une huile bonne à brûler.

Les anciens le nommaient *porc*; il n'est guère possible, cependant, de moins ressembler au précieux animal do-

Fig. 15. — Le tétrodon. —Le môle.

mestique dont nous savons tirer un si grand profit, et dont tout, sans exception, est utilisé dans l'alimentation publique.

Tous les tétrodons ne sont point aplatis et lisses comme le môle : la plupart, au contraire, ont une forme arrondie et sont couverts de piquants triangulaires, petits et très-nombreux. Leur bouche, complétement ronde, laisse passer quatre dents ou plutôt deux prolongements bifurqués des mâchoires. Ces poissons possèdent la singulière fa-

culté de se gonfler comme des ballons en avalant de l'air
et distendant ainsi une sorte de jabot à parois très-élas-
tiques qui s'étend à toute la partie inférieure de leur corps.
Ils deviennent alors presque globuleux (fig. 13); leurs
épines se hérissent sur la peau tendue et, allégés, ils viennent flotter à la surface de la mer, aussi insaisissables
qu'une coque de châtaignes. Leur chair est venimeuse et
leur piqûre même, dit-on, est envenimée.

LE MARTEAU

La conformation du squale marteau est une des plus
extraordinaires que l'on connaisse. Chez ce poisson, la
tête atteint une largeur très-considérable, débordant des
deux côtés du cou comme la barre horizontale d'un T sur
la barre verticale. Aussi l'a-t-on comparée au fer d'un
marteau dont le corps ferait le manche, et il faut bien
avouer que cette comparaison ne manque pas de jus-
tesse (fig. 14).

Le devant de cette tête, étendue à droite et à gauche,
est un peu festonné. De chaque côté, à l'extrémité, se
trouve un des yeux. Ils sont gros et saillants; l'iris est d'un
gris bleuâtre qui, lorsque l'animal est surexcité, se change
en rouge de sang.

Au-dessous de la tête, près du cou, est la bouche, fendue en demi-cercle comme chez tous les squales, et garnie à chaque mâchoire de trois ou quatre rangs de dents
larges, en forme de fer de flèche barbelé.

Le corps est allongé, il a 6 pieds de long; sa couleur
est un gris ardoisé. La peau est très-finement granuleuse.

Le marteau abonde dans les parages du Japon; les habitants le nomment *simoksoka*, et lui font pendant l'hiver

une guerre acharnée. Sa chair, peu délicate, n'est mangée
que par le bas peuple.

Il est hardi, vorace, sanguinaire, et si sa force répon-

Fig. 14. — Le marteau.

dait à ses instincts, il surpasserait de beaucoup le requin
en voracité. C'est avec intention que nous employons ce
mot, car il nous semble que si le chat jouant avec la souris
est féroce, le squale, tuant beaucoup d'animaux pour les
manger, n'est que vorace, puisqu'il cherche, non à les
martyriser, mais à assouvir sa faim.

V

LE REQUIN

—

Le requin! que de lugubres souvenirs, que d'horribles légendes ce nom seul nous rappelle! Il semble qu'on entend les cris déchirants des malheureuses victimes; on ne se figure celui qu'on a si justement appelé le *tigre de mer*, que nageant dans un océan sanglant, menaçant de sa gueule effroyable des malheureux que la terreur paralyse, se jouant au milieu de membres encore palpitants, de cadavres encore chauds et figurant à notre imagination écœurée l'image dégoûtante du dieu du carnage!

Jadis, on confondait tous les requins ensemble, mais aujourd'hui on sait qu'il en existe plusieurs espèces; l'une d'elles est bien plus répandue que les autres et bien mieux connue. C'est donc d'après elle que nous décrirons ces redoutables squales.

Le corps du requin est très-allongé. L'espèce la plus connue atteint 10 mètres de longueur; une autre, dont on ne connaît que les restes fossiles, doit avoir 25 mètres de long. Son dos, ses côtés sont d'un brun cendré, son ventre blanc: Sa peau, garnie de petits tubercules serrés, est d'une dureté excessive. Les yeux sont petits et presque ronds, l'iris d'un vert doré et la prunelle bleue. Ses narines, très-bien conformées, doivent avoir une grande sensibilité et lui permettre de saisir les odeurs avec facilité. C'est à l'aide de ses organes qu'il se dirige très-probablement, car son odorat, bien plus parfait que sa vue, doit lui être d'un bien plus grand usage. Des deux côtés du cou sont cinq fentes : ce sont les ouvertures par lesquelles l'eau pénètre jusqu'aux branchies, ou organes respiratoires.

Mais ce qui est surtout remarquable chez le requin, c'est la bouche. D'une grandeur démesurée, elle est située à la face inférieure du poisson, au-dessous de la tête. Fermée, elle semble une fente en demi-cercle; ouverte, elle forme un cercle presque parfait.

Chez un requin de 10 mètres, la circonférence de la bouche est de près de 2 mètres et son diamètre de 0m,70! le gosier a les mêmes dimensions : un homme pourrait aisément glisser dans ce gouffre sans en toucher les parois !

Cette gueule est munie de dents plates, triangulaires, dentelées finement sur les bords, tranchantes et revêtues d'un admirable émail blanc. Dans la jeunesse, le requin n'en a qu'un seul rang, mais leur nombre augmente avec l'âge, et lorsqu'il est adulte, il en possède six rangées dans le haut comme dans le bas.

Mais ce n'est pas tout : ces dents, qui tapissent ainsi une partie du palais, sont mobiles. Elles se rattachent à divers muscles à l'aide desquels le requin peut les mouvoir, les couchant ou les redressant en nombre plus ou moins grand suivant ses besoins.

Enfin, comme elles sont assez fragiles, d'autres croissent à leur place à mesure qu'elles sont brisées; c'est ainsi que, chez les enfants, la seconde dentition remplace les dents de lait.

Lors de sa naissance, le requin mesure à peine $0^m,20$ de longueur, mais déjà il donne les indices d'un fort mauvais caractère. Divers voyageurs, entre autres M. Combier,

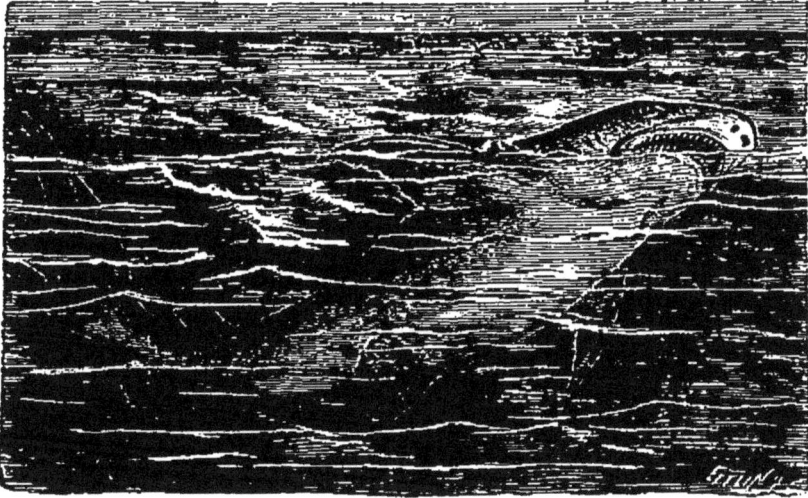

Fig. 15. — Le requin.

le docteur Thiercelin, et autrefois Odiot Saint-Léger, ont vu vivre dans des baquets de jeunes requins, retirés du corps de femelles pêchées par les matelots[1]. Ils étaient fort turbulents. Lorsqu'ils sont âgés de quelques semaines, ils attaquent des poissons trois fois plus grands qu'eux, frappent de leur queue le doigt de quiconque ose leur toucher le corps et font tout ce qu'ils peuvent pour mordre.

[1] Le docteur Thiercelin en a vu trente-six provenant d'une seule femelle.

Le P. Labat, qui, dans la relation de son voyage aux Antilles, donne des documents d'histoire naturelle souvent fort aventurés, prétend que les requins préfèrent la chair des noirs à celle des blancs, parce qu'elle est plus parfumée et plus savoureuse, et celle des Anglais à celle des Français. Heureux Anglais! que cette touchante prédilection doit émouvoir votre cœur et le pénétrer d'une douce reconnaissance !

Toujours est-il que cette opinion sur les goûts des squales était autrefois très-répandue parmi les Européens qui habitaient les pays chauds ; et que, pour se baigner sans danger, ils avaient soin de se faire entourer d'un cercle d'esclaves noirs. Un requin survenait-il, ces malheureux, attaqués les premiers, étaient lacérés et dévorés, pendant que leur maître profitait de ce que le monstre était occupé, pour chercher son salut dans la fuite.

Dans le temps où de nombreux navires s'adonnaient à la traite des noirs, les bâtiments négriers étaient toujours suivis de requins qui se repaissaient des cadavres que chaque jour on jetait par-dessus le bord. Un jour, le capitaine d'un de ces bâtiments, ennuyé d'une longue traversée, imagina, pour en rompre la monotonie, un de ces jeux terribles que, seule, l'imagination de ces infâmes forbans pouvait enfanter. Faisant saisir un des nègres qui composaient sa cargaison, il lui lia une corde sous les aisselles, et ordonna qu'on suspendit le malheureux à l'extrémité d'une vergue, à 20 pieds au-dessus de la mer.

Alors on vit accourir au-dessous de l'esclave les requins

familiers du navire. On les vit tourner, nager rapidement,
regardant la proie qu'on leur tendait et qui, affolée, se
débattait en implorant la pitié du tyran. Puis les squales
se mirent à sauter, et à chaque bon s'élevaient davantage
et se rapprochaient du patient. Un cri se fait entendre,
puis un autre, les requins ont atteint l'homme et ont
commencé à le déchirer. Alors le négrier put jouir de
tout le plaisir qu'il s'était promis ; derrière le vaisseau
s'allongeait un sillage sanglant et, morceau à morceau,
membre à membre, le nègre que l'excès des douleurs a
rendu muet, et dont le visage convulsionné annonce seul
les souffrances, est déchiré, dévoré vivant ; il meurt enfin
et ses restes affreux sont rejetés dans l'Océan.

PHOSPHORESCENCE DU REQUIN — ENCORE UN CAPITAINE NÉGRIER

Ce n'est pas seulement alors que le soleil brille que le
marin peut voir les requins se jouant au-dessous de lui,
comme pour lui rappeler sans cesse le sort qui l'attend
s'il tombe dans l'abime. La nuit, une sorte de mucus que
laisse suinter la peau de ce poisson le rend phosphorescent. Il brille d'un éclat verdâtre et sépulcral. S'il faut en
croire certains récits, cette lueur ne serait pas toujours
uniforme.

Tel était celui dont il est question dans le récit suivant,
que nous devons à M. Esquiros.

Une frégate anglaise, *le Cheval de mer*, naviguait sur les
côtes d'Afrique, à la poursuite d'un célèbre navire négrier,
le Vautour, commandé par un sanguinaire mécréant surnommé le Moloch. Tous les efforts pour se saisir du pirate
avaient échoué, lorsque *le Cheval de mer* mit en panne de-

vant un rivage qui semblait désert, et envoya à terre pour
les besoins du service une chaloupe dirigée par un aspi-
pirant, Alfred X.... Le jeune officier eut l'imprudence de
permettre à ses hommes de s'éloigner : aucun ne reparut,
et la nuit vint avant qu'il pût comprendre ce qui pouvait
les attarder ainsi. Ce mystère fut bientôt éclairci. La lune
s'était levée et baignait le paysage d'une pâle lumière,
lorsque le chien de l'aspirant, seul compagnon qui fût
resté auprès de lui depuis le matin, se mit à aboyer...
Quelques instants après, plusieurs hommes l'entouraient
et l'emmenaient après lui avoir lié les mains. Il était prisonnier de l'équipage du Moloch, dont le navire était à
l'ancre non loin de là, dans une baie parfaitement dissi-
mulée du côté de la pleine mer.

Pendant que, réfléchissant à la faute qu'il avait com-
mise, Alfred marchait silencieusement vers la barque qui
devait l'emmener sur *le Vautour*, un requin monstrueux
passa près du rivage. Sa nageoire seule était lumineuse,
le reste du corps paraissait noir comme la nuit. « Voici
notre sentinelle, lui dit un des marins, elle suit toujours
le Vautour. »

Enfin il arrive à bord du négrier. Sur l'arrière du vaisseau, une négresse très-pauvrement vêtue se tenait accrou-
pie auprès d'un enfant nu et maigre, qui pouvait avoir
quatorze ans. Le pauvre adolescent poussait de temps en
temps un sourd gémissement comme s'il n'eût point osé
donner un libre cours à l'expression de ses souffrances.
Son corps, qui avait à peine forme humaine tant il était
exténué par la fièvre, tremblait comme une feuille. Sa
malheureuse mère, car c'était évidemment sa mère, le regardait avec un air de tristesse et de désespoir. Quelque
homme de l'équipage, moins dur que ses camarades, avait
sans doute permis à cette femme de porter son enfant ma-

lade en plein air. Le reste des esclaves était entassé à fond
de cale, dans un repaire fétide.

On alla annoncer immédiatement au Moloch l'arrivée
d'Alfred.

Il parut bientôt sur le pont. C'était un homme grand,
fort, à visage dominateur, avec des cheveux et des favoris
noirs et un air de détermination qui ne pouvait manquer
d'imposer à ses gens. Ses membres annonçaient une prodigieuse activité, une force herculéenne. Son œil profond
semblait vous percer jusqu'à l'âme. Cet œil d'oiseau de
proie était surmonté d'épais sourcils hérissés qui, se re-
joignant vers le centre, formaient une ligne ininterrompue
vers la partie inférieure du front. Quoique tout fût farouche
dans son aspect, on y distinguait en traits de feu les signes
d'une intelligence peu commune. Ces éclairs d'intelligence,
tout obscurcis qu'ils étaient par de vils desseins et par des
manières rudes, suffisaient à le distinguer des brutes qui
l'entouraient.

C'était bien le chef.

La pauvre négresse se blottit à l'approche du Moloch,
et chercha à lui dérober la vue de son enfant. Mais ses
yeux de lynx furent en un instant sur le misérable couple.
D'une voix rude, il appela le robuste nègre qui se trouvait là.

— César, tu auras affaire à moi tout à l'heure, dit-il,
pour avoir laissé ces bêtes-là monter sur le pont; fais-les
redescendre à l'instant même.

Il donna en parlant ainsi un coup de pied à l'enfant. La
pauvre femme essaya en vain de le soulever. La jambe
droite horriblement enflée et qui était évidemment brisée,
céda sous le poids de l'enfant; il tomba avec un sourd gémissement sur le pont.

— Ah! est-ce ainsi? s'écria le Moloch, nous n'avons

6

point de place ici pour les impotents. Le vaisseau n'est point un hôpital !

Et, saisissant par sa jambe malade le pauvre enfant qui frémissait de tous ses membres, il le lança presque sans effort par-dessus le bord du vaisseau.

Ce fut un moment terrible et solennel.

Cette clarté blanche et fantastique dont nous avons parlé apparut, glissa à la surface immobile de l'abîme. Puis tout à coup, un bruit significatif annonça que le requin était près.

Alfred aperçut un mouvement sur les eaux éclairées par la lune, puis un plongeon sourd, gazouillant, sinistre, puis rien.

Avant que le cri de la mère agonisante eût eu le temps de mourir dans les airs, son enfant avait cessé d'être esclave!...

LA PÊCHE

De tous les animaux marins, le requin est un des moins faciles à combattre, à cause de la rapidité de ses mouvements, de la dureté de sa peau, de la grandeur de sa bouche, de la puissance de sa queue. Il a conscience de sa force et les bruits les plus violents ne l'effarouchent pas.

Ainsi, pendant la guerre d'Amérique, le 12 avril 1782, l'amiral de Grasse ayant rencontré la flotte de Rodney près des Saintes, un grand combat naval se livra, dans lequel de Grasse perdit six vaisseaux, trois mille hommes, et la liberté : il fut amené à Londres comme prisonnier. Eh bien, pendant tout le temps que dura cette bataille, malgré le bruit des canons et les ricochets que faisaient à la surface de l'eau les boulets des deux partis, un grand nombre de requins ne cessa pas de nager entre les deux flottes, venant s'ébattre jusque sous les batteries. Un navire, *le César*, ayant pris feu, plusieurs matelots qui tentèrent de se sauver à la nage furent saisis et dévorés par ces monstres.

On prétend que néanmoins il suffit souvent d'agiter l'eau ou de leur jeter un morceau de bois pour les faire fuir. Les requins seraient-ils donc aussi inconséquents dans leurs actions que les hommes?

Cependant, grâce à la hardiesse, à la voracité de ces animaux, leur pêche n'est pas difficile. On les prend à la ligne comme de modestes goujons! L'hameçon dont on se sert, ou *émérillon*, est très-grand et très-fort; on le dissimule dans une épaisse tranche de lard, on l'attache à l'extrémité d'une corde dont l'autre bout est fixé solidement dans l'embarcation, et on le laisse pendre près de la surface de l'eau. Bientôt le requin s'approche; il flaire l'appât, parfois le mord de suite, mais parfois aussi se fait prier; le patron laisse filer la ligne puis la retire et excite ainsi sa gloutonnerie; enfin ses appétits l'emportent sur sa prudence, il se jette sur la viande de porc et, se mettant sur le côté, l'avale d'un seul coup; aussitôt le pêcheur donne une secousse à la corde qu'il soutient entre ses mains, afin de fixer l'émérillon dans le palais ou l'estomac du squale, qui commence à tirer, à chercher à se dégager, à fouetter la mer de sa queue, dont le moindre coup suffiraient pour assommer un bœuf.

Il s'agit alors de fatiguer l'animal en lâchant de la corde et en le hâlant tour à tour. Épuisé, il finit par rester immobile; on l'attire alors jusqu'au navire et on le hisse sur le pont, où on achève de le tuer à coups de hache, en commençant par couper sa redoutable queue.

Souvent on trouve dans son estomac des animaux

entiers, des phoques, des poissons et même des restes
humains.

Le nombre des tragédies dont il fut le héros est infini,
et on ferait un volume du récit de ses crimes. Les anecdotes que nous avons citées suffisent pour en donner une
idée et cependant nous ne pouvons résister au désir d'en
raconter encore une d'un genre tout différent.

Au retour d'un long voyage, M. D..., officier sur un
bâtiment de commerce, apprend que la mort a frappé sa
compagne. Un enfant lui restait, qui jusqu'alors n'avait
connu que les douces réprimandes de sa mère; c'était un
garçon d'une douzaine d'années, créature aimante et délicate, habituée à faire toutes ses volontés, à voir tous ses
caprices satisfaits avant même qu'ils eussent été exprimés.
Toujours inquiète, sa mère le suivait partout; se baignait-
il, du rivage elle regardait, anxieuse, son enfant s'essayant
à nager et applaudissait à ses premiers succès. Son père,
voulant lui donner la carrière que lui-même avait parcou-
rue, l'emmène avec lui et l'embarque à son bord en qualité de mousse. Chacun sait combien est pénible la vie de
ces pauvres enfants, domestiques du dernier des matelots,
but éternel de leurs brutales exigences, de leurs moqueries
et de leurs coups. M. D... voulut qu'aucune de ces pénibles
épreuves ne fût épargnée à son fils. Ayant lui-même passé
par toutes les positions avant d'arriver à être second, il
ne concevait pas qu'un autre, fût-ce son enfant, échappât
aux amertumes qui avaient abreuvé sa propre jeunesse. Dur,
brutal, il ne parlait jamais que d'un ton impérieux, passant rapidement des menaces à l'exécution. Ce n'était pas
qu'il fût méchant; au fond du cœur il adorait son fils,
mais il regardait cet amour comme une faiblesse, et dans
la crainte de laisser pénétrer ses sentiments intimes, il
était encore plus sévère avec lui qu'avec tout autre.

Ils passaient en vue de Loreto, sur les côtes du Mexique, et le capitaine, appuyé sur le bastingage, étudiait sa carte, lorsque celle-ci, lui échappant des mains, tombe à l'eau.

Non loin de là, le mousse regardait le papier tournoyer dans l'air, puis s'abattre sur les vagues, et ne bougeait pas. Sans doute, il rêvait à sa mère, il se rappelait ses baisers, ses affectueux reproches !...

— Va me chercher cette carte, lui crie le capitaine ; et comme l'enfant regardait la mer sans obéir, il le prend, l'enlève et le jette à l'eau. Bientôt le jeune garçon a rattrapé l'objet qui flottait et nage avec vigueur, lorsqu'un requin, flairant une proie, montre ses nageoires à peu de distance.

A cette vue, M. D... pâlit, bien vite il jette une corde, à laquelle le mousse se cramponne ; déjà il s'élève au-dessus de l'eau ; déjà ses bras frêles atteignent presque le bordage ; le père lui saisit la main ; encore une seconde et il est sauvé. Mais non, le squale a bondi, un râle a résonné dans l'air et le malheureux ne tient plus que le tronc de son enfant !

PARAGES QUE FRÉQUENTE LE REQUIN — SES COMBATS AVEC LES PÊCHEURS DE PERLES

On recontre des requins dans toutes les mers[1] ; toutefois ils sont rares dans les mers d'Europe, tandis qu'ils sont très-communs dans le voisinage des Bermudes, sur les

[1] En 1864, nous en avons vu montrer un, encore jeune, à Trouville, par les pêcheurs qui l'avaient trouvé noyé dans leurs filets. Sa gueule n'était encore armée que de trois rangées de dents.

côtes de Ceylan, de Guinée, de Cayenne, de Californie et
dans la baie de New-York.

C'est surtout pour les pêcheurs de perles, que leur
métier oblige à plonger sans cesse à de grandes profondeurs dans ces parages fréquentés par les requins, que ces
poissons représentent le génie du mal ; c'est à eux surtout
que le requin doit sembler bien nommé, car sa vue ne
leur rappelle que trop le *requiem*, c'est-à-dire le repos
éternel. Le nombre de plongeurs qui furent ses victimes
est incalculable, et même dans les pêcheries les moins
fréquentées par ces squales, il ne se passe pas une saison
qu'un sanglant accident ne vienne attrister.

Le plus souvent, l'homme est dévoré ou meurt à la suite
des mutilations qu'il a subies ; mais il arrive aussi qu'à
l'aide d'une simple pique de bois, longue de 2 pieds,
aiguisée et passée au feu à l'une des extrémités, il parvient
à combattre et mettre en fuite son ennemi. Cette pique ne
quitte jamais le plongeur mexicain.

Dans les parages de Ceylan, au contraire, il n'emporte
avec lui au fond des eaux que le filet où il enferme sa
pêche.

En 1823, un robuste Malais de quarante-cinq ans était
venu avec son fils s'engager comme plongeur à Ceylan.
Penché sur le bord de la barque, il regardait ce jeune
homme remonter à la surface et s'apprêtait à plonger à
son tour, lorsqu'un énorme requin apparaît non loin de
là, s'avançant rapidement. En un clin d'œil le père s'est
jeté à l'eau, il nage vers son enfant, mais les traits de
celui-ci se crispent de douleur, la mer se teint de son
sang : le requin lui a coupé une jambe.

A cette vue, un poignant désir de vengeance s'empare
du cœur de l'infortuné Malais. Sans s'abandonner au désespoir, ni mesurer l'étendue du danger, il veut racheter

de la vie de l'animal l'horrible blessure de son fils. Il
saisit un couteau, le serre entre ses dents, puis, nageant
à fleur d'eau, guette le moment où la nageoire dorsale du
squale apparaît au-dessus de l'onde ; puis il plonge...

Les secondes s'écoulent, longues comme des heures
pour son fils, à l'abri maintenant, mais trop tard, et pour
ses compagnons qui cherchent avec angoisse à deviner
son sort. Enfin, à quelque distance, un violent remous et
quelques traînées de sang indiquent qu'un combat sous-
marin vient de s'engager. L'intrépide pêcheur apparaît
pour respirer, esquivant un ennemi qui perd son sang
par de larges blessures, puis plonge encore et lui porte
de nouveaux coups, lui faisant de larges entailles dans
les ouïes, dans le ventre, dans le flanc, partout. Pendant
plus d'un quart d'heure, la lutte dura ainsi ; enfin, épuisé,
mais vainqueur, le Malais revint dans la barque en poussant devant lui le cadavre du requin.

Faut-il rappeler encore les baigneurs surpris et massa-
crés ; les matelots coupés en deux pendant qu'on les his-
sait sur le navire à l'aide d'une corde ; les marins saisis
pendant qu'ils faisaient quelque manœuvre et dévorés
sans qu'on pût les secourir ; les naufragés errants sur des
radeaux et voyant chaque jour un de leurs compagnons
emporté par les requins qui les suivent à la piste?

Faut-il redire enfin l'histoire de ce pêcheur de Campê-
che qui avait dérobé et jeté au fond de la mer des or-
nements d'église et qui, en plongeant pour les reprendre, fut décapité par un de ces tigres marins, expiant son
crime sous la dent du squale?

Nous préférons, sous ce rapport, laisser le lecteur à ses
propres souvenirs, et terminer ce chapitre par quelques
mots sur l'utilité et le culte du requin.

On tire assez bon parti du requin ; les Norwégiens mangent sa chair, qui se débite aussi sur le marché de Java. Sa peau se vend dans le commerce, sous le nom très-impropre de *peau de chien de mer*.

Akyab, ville maritime de l'Inde anglaise, fait un commerce important de *nageoires* de requins, mets fort estimé des Chinois, dont les goûts, sous ce rapport, diffèrent de beaucoup de ceux des Européens.

Sur les côtes de l'Islande, on prend en grand nombre de grands requins appelés vulgairement kakal (*Scymnus microcephalus*). En 1862, cinquante et un bateaux islandais et à peu près autant de danois, furent armés pour cette pêche. Les premiers firent 5,060 et les seconds 5,810 barils de foie de requins. Ces foies, auxquels il faut en ajouter 750 barils recueillis par les pêcheurs de morue qui s'étaient occupés accidentellement des kakals ; ces foies, disons-nous, furent fondus au bain-marie et convertis en huile à Reikiawik. On calcule que trois barils de foie donnent deux barils d'huile.

Au Malabar, on fait aussi cette pêche sur d'assez fortes proportions. L'huile de requin se confond dans les pharmacies avec l'huile de foie de morue et sert aux mêmes usages. Dans les lieux de production, elle vaut de 50 à 60 centimes la bouteille. Parfois, le foie d'*un seul* suffit pour remplir un tonneau, mais parfois aussi il en faut six. La moyenne est de *quatre*. Donc pour récolter 11,620 barils de foie, les pêcheurs durent détruire 46,480 requins environ. On voit à quel point le vorace poisson abonde dans ces mers.

SUPERSTITIONS SUR LE REQUIN

Comme tous les animaux remarquables, le requin inspira des superstitions. Jadis les orfévres enchâssaient dans des métaux soigneusement ciselés des dents de requin ; et ces amulettes préservaient, disait-on, des maux de dents et de la peur. Sa cervelle, ses dents, séchées et mises en poudre, étaient employées par les droguistes.

Les esclaves nègres portent encore à leur cou des dents de requins enfilées.

Les exagérations ne manquent pas plus à l'histoire de ce squale qu'à celle des autres monstres. Les Grecs prétendaient qu'un de leurs demi-dieux avait *vécu trois jours* dans l'estomac d'un requin. En faisant l'autopsie d'un de ces animaux, à Marseille, selon une tradition antique, on trouva dans ses viscères *un homme entier avec son armure*. Une autre fois c'est *un cheval* que son estomac recèle. Randoles rapporte qu'un homme et son chien descendirent tout droit dans le corps d'un requin après avoir passé par sa bouche béante.

A en croire Plutarque, « le requin ne le cède à aucune créature vivante en *bonté paternelle*, en *douceur* et en *amabilité*. Le père et la mère se disputent le soin de procurer de la nourriture à leur petit, de l'instruire, de lui apprendre à nager. Un danger vient-il à menacer cet être sans défense, il trouve un asile sûr dans la *gueule protectrice* de ses parents, d'où il sort lorsque le calme et la sécurité sont revenus sur les eaux. » Il est heureux que le grand historien ait mieux étudié les hommes que les poissons.

Il est inutile de réfuter toutes ces fables ; que ne peut-on donner aussi ce nom aux récits des voyageurs sur les peuples, adorateurs du requin, de certaines côtes de l'Afrique!

Ils l'appellent *joujou*, prétendent qu'il est *sagace et agréable* et regardent comme un crime de le tuer. « Celui qui tue joujou, disent-ils, est damné; mais celui que joujou mange devient confortable! » Quel confortable!

Trois ou quatre fois par an, ils vont dans des barques, lui jeter des chèvres, des volailles, etc., en accompagnant ces offrandes de cérémonies destinées à se concilier le patronage des requins. Ces fêtes s'appellent *javjav*.

Malheureusement ce ne sont pas là les seuls sacrifices qu'ils fassent à leur féroce divinité.

Dès sa naissance, ils choisissent un enfant qu'ils entourent, jusqu'à dix ans, de soins, de prévenances, d'affection. Puis, un jour, les prêtres s'emparent de lui, le couvrent de fleurs, et, suivis de la tribu entière, se dirigent vers la grève.

Sur une plage qu'à chaque marée l'Océan submerge, on voit un poteau dont l'extrémité est profondément enfoncée dans le sable. C'est vers ce poteau qu'on entraine l'enfant; c'est là l'autel où doit s'accomplir l'horrible sacrifice dont il doit être la victime.

On le lie; et, quand la mer commence à monter, chacun recule et l'abandonne. Les prêtres entonnent des chants sacrés en s'accompagnant de bruyants instruments. Les cris de l'enfant se perdent dans le tumulte. Bientôt l'onde baigne ses pieds; la mer monte encore, et les vagues viennent se briser sur son corps à peine formé. Alors on voit venir en troupes nombreuses les requins à l'œil ardent. L'enfant, éperdu, hurle et se débat, mais le fanatisme a fermé les yeux et les oreilles des amis, des parents qu'il invoque. Les requins l'entourent, guettent leur proie et leurs jeux insultent à son angoisse ; c'est en vain qu'il cherche à briser ses entraves, qu'il se hisse au sommet du poteau. Une vague s'approche, plus haute que les autres ; menaçante, elle s'avance en mugissant, sa crête blanchie se redresse et intercepte la vue du poteau ; le fracas qu'elle produit domine les sauvages incantations des Africains et lorsque enfin elle retombe épuisée, on ne voit plus à la surface de l'Océan que le sommet noirci du lugubre poteau et quelques fleurs ensanglantées que le vent disperse.

III

REPTILES MARINS

VI

LES TORTUES

DIVERSES SORTES DE TORTUES — COMMENT ELLES SONT FAITES — LE
POUSSIN ET LA TORTUE — LEURS MŒURS

Tout le monde a vu des tortues, et nul n'ignore que ces curieux reptiles sont enveloppés d'une boîte osseuse ou cornée, formée de deux parties : une supérieure ou carapace, une inférieure ou plastron, et dues à une transformation : l'une, des côtes qui s'aplatissent et se soudent ; l'autre, du sternum.

Certaines espèces peuvent rentrer entièrement la tête et les pattes dans cette sorte d'armure défensive.

Un montagnard du centre de la France, raconte le savant M. Moquin-Tandon, trouva, un jour, à la fête de son village, un marchand algérien qui étalait devant lui une cinquantaine de tortues communes :

— Et combien vendez-vous ces drôles de petites bêtes ?

— Trente sous, monsir, sans marchander.

— Trente sous ! c'est bien cher pour une espèce de grenouille !... Et combien en voulez-vous *sans la boîte* ?

Le lecteur se rappelle la légende de Chelone ; seule de toutes les nymphes, elle ne fut pas conviée aux noces de

Jupiter et de Junon, parce qu'elle s'était égayée aux dépens du couple immortel. Mais Junon ne se contenta pas de cette vengeance : elle la fit précipiter par Mercure dans la mer, avec sa maison, et, la métamorphosant en tortue, la condamna à la porter sur son dos, dans un éternel silence. C'est pourquoi les anciens appelaient la tortue *Chelonia*.

Il y a des tortues de terre, de marais, de fleuve, de mer. Ces dernières seules doivent nous occuper, et leurs dimensions méritent bien, en effet, qu'on les range parmi les monstres de la mer, en dehors de leur curieuse organisation.

Les plus grosses sont : la *couanne*, la *franche*, le *caret* et le *luth*.

La moindre des quatre est la *tortue caret*. On la trouve dans la mer des Indes et sur les côtes d'Amérique. Elle n'a guère que 0ᵐ,75 de la tête à la queue, mais sa carapace est d'une grande beauté, marbrée de brun sur un fond fauve et jaune ; c'est elle qui donne l'*écaille*, dont on fait si grand usage dans les articles dits de Paris.

Le *luth* et la *tortue franche* ont à peu près les mêmes dimensions : l'une et l'autre sont longues de 2 mètres, seulement la carapace de la première est remplacée par un cuir noir brun, épais, tendu sur des arcs osseux, tandis que la seconde a une véritable écaille.

On prétend qu'un homme ayant trouvé, échouée sur une plage, une carapace de cet animal en travers de laquelle étaient encore tendues quelques fibres musculaires desséchées par le soleil, tira de ces fibres des sons harmonieux qui lui donnèrent l'idée du luth !

Cette espèce est rare ; cependant on la pêche parfois dans la Méditerranée et l'Atlantique.

La *tortue franche* (ou *verte*, ou *midas*, ou *commune*) est la plus répandue de toutes. Les Indes, l'Amérique, Madère, l'Océanie, la voient également.

On en a pris des individus jusque sur nos côtes ; par exemple, en 1752, à Dieppe, la marée en jeta dans le port une de 2 mètres ; et, en 1754, une autre, de 2^m,60, fut capturée près l'île de Ré.

Un ancien journal (les *Affiches de Paris*, de 1754) rapporte que, le 24 juillet 1754, des pêcheurs prirent et apportèrent à l'abbaye de Lonvana près Vannes, une énorme tortue vivante. Elle pesait 7 à 800 livres, la tête 25 livres, une des nageoires 52 livres. « Le foie seul a donné abondamment à dîner quatre fois à toute la communauté ; et trente personnes, tant ouvriers que domestiques, en ont fait encore un bon repas. Ainsi plus de cent personnes en ont mangé..... Depuis le museau jusqu'au bout de la queue, elle avait de bonne mesure 8 pieds et quelques pouces de long. L'écaille, que la maison conserve, avoit 5 pieds de longueur..... Cette tortue a été prise dans le pertuis d'Antioche, à la hauteur de l'île de Ré. »

Enfin, le géant de cette classe d'animaux est la *couanne*, qui est assez commune dans la mer Rouge, la Méditerranée, les archipels de Madagascar et des Maldives. La carapace seule a ordinairement 1^m,55 de grand diamètre, et l'animal pèse plus de 200 kilogrammes.

Les tortues de mer sont toutes amphibies : elles viennent respirer l'air à la surface de l'eau et vont pondre à terre. Elles sont généralement herbivores et paissent les algues et les fucus, mais peuvent parfois se nourrir de mollusques et de zoophites.

On les rencontre à une grande distance de la terre, surtout quand on n'est pas dans la saison de la ponte ; car, à cette époque, elles se rapprochent des côtes et, la nuit, viennent creuser dans le sable (chaque année au même endroit) un trou dans lequel elles déposent leurs œufs, qu'elles recouvrent ensuite de sable avec une grande adresse. Les tortues franches pondent cent cinquante œufs ; les luths, deux cents à deux cent soixante.

Les œufs sont sphériques, mous, recouverts d'une

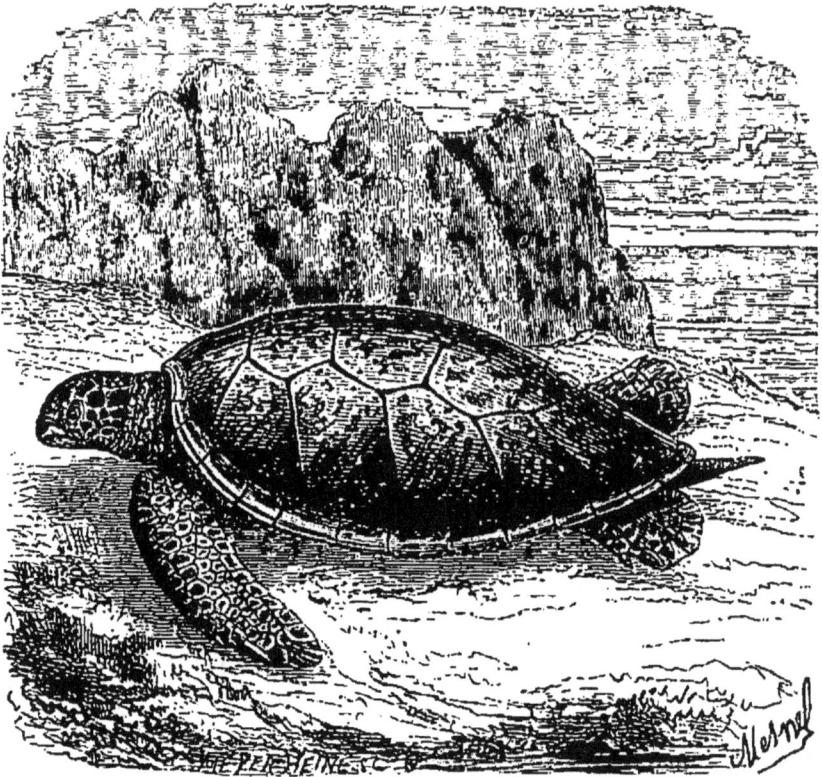

Fig. 16. — Tortue franche.

sorte de peau blanche coriace. Ceux de la tortue franche sont gros comme des œufs de poule, ceux du caret (les plus estimés des gourmets) sont bien plus petits.

Quinze ou dix-sept jours après, grâce à l'ardeur du soleil, le petit sort de son enveloppe et bien vite regagne la mer, prenant d'instinct le plus court chemin. Bienheureux s'il peut y parvenir, car les oiseaux de proie, les carnassiers, les reptiles le guettent et se précipitent sur lui dès qu'ils l'aperçoivent. Arrivé jusqu'aux flots, il n'est pas encore en sûreté, car le peu de dureté de sa carapace, sa lenteur, sa faiblesse, en font la proie assurée de tout poisson qui veut s'en emparer.

Plus tard, sa défense sera plus complète : outre la cuirasse qui lui permet de braver la dent des plus forts, les pattes en nageoire de la tortue peuvent donner des coups vigoureux, et ses mâchoires, dépourvues de dents, pincent avec une puissance dont on n'a pas d'idée.

Elle peut couper un doigt saisi entre ces étaux, et lorsqu'on lui met un bâton dans la bouche, elle le mord avec une telle opiniâtreté, qu'elle se laisse enlever plutôt que de le lâcher, disent les naturalistes. Aussi, lorsque le poëte conte :

> Dans la gueule, en travers on lui passe un bâton.
> Serrez bien, dirent-ils, gardez de lâcher prise ;
> Puis chaque canard prend le bâton par un bout.
> La tortue enlevée, on s'étonne partout,
> De voir aller en cette guise
> L'animal lent et sa maison.

il est évident que sa fable repose sur l'observation parfaitement exacte de cette ténacité du reptile.

Les anciens, qui ne pouvaient s'empêcher de mêler des légendes ridicules à toutes leurs observations, soutenaient non-seulement que les tortues venaient couver leurs œufs pendant la nuit, mais qu'elles les *échauffaient de leurs regards*.

Ils disaient aussi ridiculement que les femelles refusaient aux mâles de se laisser conter fleurette, jusqu'à ce que celui-ci leur eût mis... *une paille sur le dos*.

Pline dit (mais peut-on jamais croire tout ce qu'il dit?) que dans les mers des Indes, les indigènes se servent de carapaces de tortues en guise de chaloupe — et qu'une seule suffit pour couvrir une maison.

Dampierre raconte que le fils du capitaine Rocky, enfant de neuf à dix ans, naviguait en pleine mer sur une carapace gigantesque.

Dans les Philippines, selon Carreri, on s'en sert comme d'abreuvoirs pour les buffles.

Quelques voyageurs prétendent enfin qu'on rencontre, aux Antilles, des tortues sur le dos desquelles quatorze hommes peuvent se tenir debout à la fois (?).

Les tortues sont l'objet de nombreuses superstitions.

Carreri, qui fit un voyage autour du monde en 1696, en rapporte de singulières, qu'il admet sans sourciller :

« Il y en a (aux Philippines) qui sont un antidote, puisqu'on a éprouvé que des bagues et chapelets qu'on en avait faits, se sont cassés comme du verre, lorsqu'on les a approchés de quelque poison. »

Dans son second voyage, madame Ida Pfeiffer fut conduite à un temple de Java. Là elle vit, dans un vaste bassin, une grande tortue entièrement blanche. C'était l'idole; les indigènes lui témoignaient le plus profond respect. L'obscurité dans laquelle l'animal est plongé est peut-être la cause de la décoloration de son test. Quoi qu'il en soit, lorsque madame Ida Pfeiffer fut entrée, les prêtres appelèrent la tortue. Celle-ci, qui est apprivoisée, accourut pour prendre, selon son habitude, sa nourriture dans leurs mains; mais elle replongea sans y toucher, et répéta

plusieurs fois le même manége. Cela fut considéré comme
un grand miracle, et les prêtres, regardant madame
Pfeiffer comme un être privilégié, lui offrirent une jeune
tortue blanche comme sa mère.

C'est peut-être à cette espèce de chéloniens que doit se
rapporter l'animal blanc décrit si pompeusement par
M. de Thoron, sous le nom de *manta*, et que ce voyageur
vit dans l'Océan, près des côtes de l'Amérique du Sud.

Enfin, dans une de ses incarnations, le dieu hindou
Vichnou se change en tortue pour soutenir, par sa carapace, le monde qui allait s'abîmer dans le grand Océan,
sur lequel, selon les Hindous, il flotte.

A terre, les tortues sont très-vigoureuses, et portent aisément un homme sur leur dos.

Le P. Labat s'amusa souvent à se servir de ce singulier
véhicule.

M. Darwin, l'illustre naturaliste anglais, monta plus
d'une fois sur des tortues endormies ; à quelques coups
secs qu'il donnait sur l'écaille, l'animal se levait et se mettait en marche ; mais il trouvait fort difficile de se tenir en
équilibre sur cette monture cahotante.

Il y a quelques années que la reine d'Angleterre, ayant
reçu une grande tortue, voulut, avant de l'envoyer au
Zoological garden, la montrer au célèbre anatomiste sir
Richard Owen. Le savant désira mesurer la circonférence
de la tortue, et, pour procéder plus commodément, grimpa
sur la carapace. Pendant ce temps, le reptile, se deman-
dant sans doute ce qui se passait, se releva, regardant autour de lui avec inquiétude, et partit, se *hâtant lentement*
et secouant violemment le cavalier, à la grande joie de la
reine et du prince Albert, qu'amusait fort ce nouveau
derby.

Malgré ces tentatives, tout fait présumer que jamais la

tortue ne détrônera *Vermuth* ou *Gladiateur;* et cependant, si on en croit Léon l'Africain, sa marche n'est pas toujours aussi lente. Il y a en Lybie, selon cet auteur, des tortues grosses comme des tonneaux. Or il arriva qu'un jour un voyageur s'étant couché sur l'une d'elles, qui était en repos et qu'il avait prise pour un rocher, s'endormit. La nuit, la tortue marcha si vite, qu'en se réveillant le lendemain, il se trouva à 5,000 lieues de l'endroit où il s'était endormi, « ce dont il fut bien esbahy. »

USAGES DE LA TORTUE — ALIMENTS — CONSERVES — IMPORTANCE DE CE COMMERCE — ÉCAILLE

Tous ceux qui en ont mangé s'accordent à dire que la tortue est un des meilleurs mets du monde.

M. Chevet, auquel on peut à coup sûr se fier pour toutes ces questions gastronomiques, écrivait :

« Tout est bon à manger dans la tortue, sauf l'amer... Il y a dans ces animaux deux noix de chair très-blanche, comparables à des noix de veau. On peut les piquer et en faire des fricandeaux ou des pâtés, qui ne le cèdent en rien aux pâtés de Rouen ou de Pontoise. »

La chair est ferme et tient le milieu comme couleur entre celle du bœuf et celle du veau. On en fait des rôtis, des ragoûts et des pots-au-feu. La graisse, d'un vert tendre, est d'une grande finesse et d'un goût exquis. Les intestins valent mieux que ceux du bœuf. Les nageoires se préparent comme des pieds de veau.

« Malgré les pauvres sauces qu'on nous faisait sur *le Gustave,* dit le docteur Thiercelin, j'ai mangé pendant deux mois cette viande à tous les repas, sans en être fatigué. »

Les Américains estiment fort la tortue, qu'ils appellent avec raison le *porc de l'Océan* (*sea's pig*). Ils en font un mets national, le *boucan*. On nomme ainsi des tortues entières cuites dans leur carapace et assaisonnées de citron, girofle et piment.

Les Anglais se les procurent à grands frais. Comme elles ont une grande vitalité, les paquebots en apportent des chargements vivants. Dès qu'elles sont débarquées, on les met dans des parcs et on les nourrit avec des débris de légumes. Malheureusement elles ne résistent pas aux froids de l'hiver.

La dernière fois que Cuvier visita l'Angleterre, un des savants qui le fêtaient à l'envi lui fit goûter la soupe à la tortue. Notre grand naturaliste était gourmand, et lui-même racontait que rien ne l'avait autant frappé dans la perfide Albion que cet inimitable potage.

Comme comestible, la *tortue franche* seule est estimée. Aujourd'hui le plus grand marché de ces animaux est celui de la Martinique. On les y apporte de toutes les côtes du golfe du Mexique, depuis l'ile de la Trinité jusqu'à Vera Cruz, et surtout des Honduras et des Tortûgas.

On les garde dans des enclos faits de grosses souches enfoncées dans la vase du rivage, et assez distantes pour donner passage à la marée, sans que les tortues puissent sortir.

A la Martinique, on en fait pour l'exportation des conserves renommées.

Comme tous les autres animaux d'une grande taille que l'homme a intérêt à poursuivre, la tortue devient chaque jour plus rare.

Samuel Carleton, qui découvrit l'ile Bourbon, en 1012, disait : « La chaloupe qui fut envoyée à terre y trouva une prodigieuse quantité de tortues, dont chacune faisait la charge d'un homme. » Aujourd'hui, dans cette même île, les tortues sont inconnues, et les riches commerçants en font venir des Seychelles.

A l'Ascension, même état de choses.

A Chesterfield est l'île des Tortues que, chaque année, les baleiniers ravagent : elle commence à s'épuiser.

On avait parlé de tentatives pour multiplier, dans la Méditerranée, la tortue franche, qui jadis y abondait. La Société d'acclimatation avait encouragé ce projet, dû à M. Salles ; mais il ne semble pas qu'on y ait donné suite.

Les tortues valent, en Angleterre, de 70 centimes à 2 fr. 50 la livre, selon la saison.

C'est la tortue *caret*, avons-nous dit, qui fournit l'*écaille* employée dans la tabletterie. Une seule caparace se compose de douze plaques ou feuilles, dont quatre grandes, du poids, au maximum, de 2^{kil},500.

En Europe, le premier inventeur de la marqueterie d'écaille fut un Romain, Carvilinis Pollion.

Du temps d'Auguste, les patriciens en décoraient les colonnes de leurs palais. Jules César en rapporta une grande quantité d'Alexandrie.

Les Chinois et les Orientaux l'utilisent depuis longtemps.

Dans le commerce, on distingue quatre variétés de coloration et de prix différents. L'une (de la Chine) est noire et jaspée de jaune clair bien transparent ; une autre (des Seychelles) est plus épaisse et vineuse ; une troisième (de l'Inde ou d'Égypte) est brune, nuancée de rouge avec taches rouge brun et jaune. La dernière enfin est celle que donne la tortue *couanne*.

A Nossibé, la pêche a lieu de septembre à mars, et on recueille annuellement de quatre à cinq milles kilos d'écaille de qualité supérieure, valant en moyenne 50 fr. le kilog.

PÊCHE DE LA TORTUE

On pêche la tortue de bien des manières.

En pleine mer, on peut les harponner, soit avec le harpon ordinaire, à tête en fer de lance, soit avec une simple pique qui s'enfonce et adhère comme un clou.

On cite un Indien, esclave à la Martinique, qui, ayant harponné une tortue, vit son canot entraîné par elle avec une vitesse effrayante, puis chavirer. Il parvint à remettre la pirogue à flot, mais ses couteaux étant perdus, il ne put couper la corde qui attachait le harpon à sa frêle nacelle. Il fut ainsi traîné *un jour et deux nuits*; enfin la bête rencontra heureusement un récif, échoua, et l'Indien put la tuer.

Dans les mers du Sud, des plongeurs habiles s'approchent sans bruit des tortues endormies à la surface de la mer, et, lorsqu'ils sont à portée, percent l'animal ou lui passent un nœud coulant autour du corps. M. Combes vit des matelots employer ce procédé.

On peut aussi les prendre à la ligne. C'est ainsi qu'on les pêche dans les parages de Sainte-Marthe (Amérique du Sud). Rappelons aussi la chasse curieuse qu'on leur fait à l'aide d'un poisson, la rémora, à Cuba (p. 72).

Darwin, enfin, a donné une description de la pêche à la tortue, qu'on ne lira peut-être pas sans intérêt :

« Le 6 avril, j'accompagnai le capitaine au fond de la lagune : le chenal y tournait entre les coraux délicatement ramifiés.

« Nous vîmes plusieurs tortues auxquelles deux barques donnaient la chasse. L'eau, peu profonde, est si limpide, que la tortue, qui y plonge et disparait instantanément, est presque aussitôt retrouvée. Le canot à voile la suit ; l'homme, debout à l'avant, s'élance sur la carapace, s'attache des deux mains au cou de l'animal, et se laisse emporter jusqu'à ce qu'il soit maître de la tortue épuisée.

« Il était amusant de voir les deux bateaux se devancer l'un l'autre, et les hommes s'élancer la tête la première dans l'eau à la poursuite de leur proie. A l'archipel des Chagos, sur le même Océan, les naturels, à ce que raconte le capitaine Scoresby, emploient un odieux moyen pour enlever la carapace à la tortue vivante. Ils recouvrent de charbons incandescents l'écaille qui se retourne et qu'ils arrachent avec un couteau, laissant l'animal regagner la mer, où, au bout de quelque temps, la carapace se reforme, trop mince pour être d'aucun usage, tandis que la pauvre créature se traîne toujours languissante et malade après cette barbare exécution. » (Darwin.)

Mais c'est surtout à terre, alors qu'elles viennent pondre, pendant la nuit, qu'on peut s'en emparer.

Pour cela, les pêcheurs sédentaires tendent parallèlement au rivage, au bord de l'eau, des grands filets de cordes à mailles lâches, qui leur barrent le passage, et dans lesquels elles s'engagent la tête, les pattes et s'empêtrent de façon à ne plus s'échapper, et à se noyer faute de pouvoir remonter à la surface.

Les matelots ne font pas tant de cérémonie : ils se tiennent à l'affût sur une plage que les tortues fréquentent, et, lorsqu'elles sont sorties de l'eau, s'élancent et les retournent : une fois sur le dos, elles ne peuvent plus bouger.

Une fois, sur l'île de Los Lobos, en 1862, l'équipage

d'un de nos navires rencontra une tortue telle, qu'elle entraîna six hommes qui ne purent en venir à bout, et d'autres matelots furent forcés d'accourir pour qu'on pût la renverser.

Comme les *carets*, qui ont le dos plus bombé que la baleine franche, parviendraient à se remettre sur pied, on les charge d'une grosse pierre, ou bien on les tue sur place.

Il faut, pour cette chasse, faire preuve d'agilité. La tortue, surtout lorsqu'elle est de grande dimension, est beaucoup moins lente qu'on veut bien le dire. D'ailleurs, elle ne se tient jamais assez loin de la mer pour ne pouvoir la regagner rapidement, et si le chasseur ne se hâte, il peut bien arriver que la tortue lui dise, comme au lièvre de la fable :

> De quoi vous sert votre vitesse ?
> Moi l'emporter ! et que serait-ce
> Si vous portiez une maison ?

VII

LE SERPENT DE MER

TRADITIONS ANCIENNES ET LÉGENDES NORWÉGIENNES SUR LE SERPENT DE MER

Le monstre dont nous allons maintenant entretenir nos lecteurs est trop célèbre, a donné lieu à trop de discussions, pour que nous n'appuyions pas sur son histoire. Intrigué par les contestations dont son existence même est l'objet, nous avons réuni de nombreuses descriptions dont il fut l'objet, et que nous demanderons la permission de rapporter avec quelque détail.

Les plus anciens documents sur le serpent de mer sont, ce nous semble, ceux que donne la Bible. Il est assez ordinaire de considérer le mot *Léviathan* comme synonyme de baleine. C'est une erreur, comme le prouve le verset suivant du livre d'Isaïe :

« En ce temps-là, le Seigneur viendra avec sa grande épée, son épée pénétrante et invincible, pour punir Lévia-than, ce serpent immense ; Léviathan, ce serpent à divers plis et replis, et il fera mourir la Baleine qui est dans la mer. » (Isaïe, ch. xxvii, verset 1 ; trad. Lemaistre de Sacy.)

Job décrit le Léviathan (ch. xl et xli). Dans un long discours, il vient de rappeler son ancienne prospérité, à laquelle il oppose sa misère présente, et, se justifiant de sa conduite, se pose comme un juste. Élie lui reproche son orgueil, et enfin, selon le livre, Dieu lui-même apparaît dans un tourbillon et humilie Isaïe, en rappelant au prophète la grandeur de ses œuvres. Parmi les animaux, il cite Béhémolh et Léviathan, et voici quelques-uns des passages qui concernent ce monstre.

« Pourrez-vous enlever Léviathan avec l'hameçon, et lui lier la langue avec une corde?

« Lui mettrez-vous un cercle au nez, et lui percerez-vous la mâchoire avec un anneau? . . . .

. . . .

« Figurez-vous que vos amis le coupent par pièces, et que ceux qui trafiquent le divisent par morceaux.

« Remplirez-vous de sa peau les filets des pêcheurs, et de sa tête les réservoirs des poissons? . . . . . .

. . . .

« Qui découvrira la superficie de son vêtement, et qui entrera dans le milieu de sa gueule?

« Qui ouvrira l'entrée de ses mâchoires? La terreur habite autour de ses dents !

. « Son corps est semblable à des boucliers d'airain fondu, et couvert d'écailles qui se serrent et qui se pressent.

. « L'une est jointe à l'autre, sans que le moindre souffle passe entre deux.

. « Elles s'attachent ensemble, et elles s'entretiennent, sans que jamais elles se séparent.

« Lorsqu'il éternue, il jette des éclats de feu et ses yeux étincellent comme la lumière du point du jour.

« Il sort de sa gueule des lampes qui brûlent comme des torches ardentes.

« Il lui sort une fumée des narines, comme d'un pot qui bout sur un brasier.

« ..... La flamme est dans sa gueule.

« La force est dans son cou.....

« Les membres de son corps sont liés les uns avec les autres. . . . .

. . . .

« Si quelqu'un l'attaque, ni l'épée, ni les dards, ni les cuirasses ne pourront subsister devant lui.....

« Il fera bouillir le fond de la mer comme l'eau d'un pot, et il le fera paraître comme un vaisseau plein d'onguents qui s'élèvent par l'ardeur du feu.

« La lumière brillera sur ses traces, il verra l'abîme blanchir derrière lui. » (Trad. Lemaistre de Sacy.)

De ces courtes citations, il résulte que les Israélites regardaient le Léviathan comme un serpent marin, dont la bouche était garnie de dents redoutables, dont le corps était recouvert d'écailles serrées et les yeux étaient étincelants. Il semblait que de sa gueule sortaient des flammes : n'est-ce pas l'illusion que produit toujours la langue étroite, longue, rouge, des reptiles? De ses naseaux s'échappaient des fusées de vapeur? ses membres étaient réunis, en d'autres termes, métamorphosés en nageoires, comme ceux des amphibies ou de la baleine. L'armure dont il était recouvert le rendait invulnérable aux armes de cette époque, à l'épée, à la fronde, à la flèche. Son arrivée était marquée par un remous, un bouillonnement de l'onde, et il était phosphorescent. Enfin, il était carnassier, car dans le livre d'Amos, il est dit (verset 3, ch. IX):

« Et s'ils vont au plus profond de la mer pour se dérober à mes yeux, je commanderai à un serpent qu'il les morde au fond des eaux. »

Presque tous ces caractères, nous allons les retrouver rapportés dans les légendes scandinaves.

L'antiquité païenne parle peu du serpent de mer. Il semble seulement que ce soit à ce monstre que Palladius fasse allusion, alors qu'il cite l'*Odontotyrannus*, serpent du Gange, « qui, disait-il, avale un éléphant sans le mâcher ! » Solin paraît aussi en avoir ouï parler. Il habite, selon cet auteur, l'Inde et l'Éthiopie, a vingt coudées de long, et traverse l'océan Indien à la nage, voyageant d'une île à une autre ; enfin, Pline rapporte que Solam trouva dans le Gange des vers prodigieux, qui ont deux branchies et 6 coudées de longueur. « Il sont bleus... Telle est leur force qu'ils peuvent saisir et noyer un éléphant. »

Ce n'est qu'à partir du moyen âge, que les auteurs recueillent de curieuses légendes sur le serpent des mers du Nord.

Pontoppidan, évêque de Bergen en Norwége, en 1752, dit que dans ce pays on croit si fermement à l'existence de ce reptile que, toutes les fois qu'il s'avisait d'en parler dubitativement dans le manoir de Nortland, chacun souriait, comme s'il eût mis en question l'existence de l'anguille ou du hareng.

Sur les côtes, on l'appelle *Soe-Armen* ou *Ale-Tust*, et le poëte populaire scandinave, Pierre Das, le chante sous le premier de ces noms.

Il y a deux espèces de serpents de mer, au dire des auteurs des pays du nord de l'Europe : l'une marine, l'autre amphibie.

L'espèce amphibie (à laquelle devrait sans doute se rattacher le serpent du Gange) naîtrait sur la terre ferme, et

Fig. 17. — Le Serpent de mer. (Fac-simile d'une gravure de Pontoppidan.)

ne se rendrait à la mer que lorsqu'il serait trop gros pour
se mouvoir aisément ailleurs que dans un milieu liquide.
Nicolas Gramius, ministre de l'Évangile à Loudon, raconte
que, dans une inondation, on vit se rendre à la mer un immense serpent, qui jusque-là avait vécu dans les rivières
Mios et Bauz. Il renversait tout sur son passage, animaux,
arbres et cabanes, faisant entendre des cris épouvantables.
Les pêcheurs d'Odal en furent tellement effrayés que de
quelque temps ils n'osèrent embarquer.

Le célèbre archevêque d'Upsal, Olaüs Magnus, que nous
avons déjà cité à propos du kraken, parle aussi de ces
serpents amphibies. Il en sort, la nuit, des rochers aux
environs de Bergen, dit-il; ils ont une crinière; leur corps
est couvert d'écailles, leurs yeux sont brillants; ils se
lancent contre les navires, « happant et traînant à eux
tout ce qu'ils trouvent[1]. »

Cette description s'applique également bien à l'autre
espèce de serpent de mer; aussi peut-on les confondre,
en admettant que l'espèce exclusivement marine remonte
parfois le cours des rivières ou pénètre dans les terres
lors des grandes marées.

C'est à ce monstre que, dans l'antique saga d'Olaf, ce
roi emprunte le nom du navire sur lequel il veut tenter
de reconquérir son royaume.

Dans le voyage de saint Brandaine au paradis terrestre,
il est question d'un serpent marin. Olaüs Magnus dit qu'on
en vit surgir un de 50 pieds de long, près de l'île de Moos,
en 1522, « se tournoyant à façon d'une boule; » et même,
dans l'*Histoire naturelle* de H. Ruysch, publiée en 1718,

---

[1] La description de cet animal est accompagnée d'une très-curieuse
vignette que reproduit M. Pouchet dans l'admirable livre : *l'Univers*
(Hachette, éditeur).

l'auteur a fait dessiner un de ces animaux sous le titre de serpent norwégien.

Enfin, ajoutons que Paul Égède en rencontra un qu'il décrit dans son second voyage au Groënland, que bien des fois on en signala sur les côtes scandinaves, et que même on en trouva (par exemple à Amunds-Vaagen (Norfiord) et dans l'île de Carmen) des cadavres rejetés par les flots.

En somme, suivant les habitants de l'Europe septentrionale, le serpent de mer est immensément long (25 à 30 mètres); il nage en ondoyant verticalement dans la mer et s'aidant de nageoires qui pendent derrière son cou[1]; comme les reptiles terrestres, il mue, et un habitant de Kopperwig put, dit la tradition, recueillir une peau abandonnée et en faire des tapis de table. Par exemple, on ne s'accorde pas trop sur la nature de cette peau, douce suivant les uns, écailleuse suivant les autres. Sur son dos est une crinière, ses yeux sont grands et très-brillants, et la forme de son énorme tête rappelle celle du cheval. Certaines relations lui donnent des évents par lesquels il lancerait l'eau comme la baleine. On ne le voit qu'en été et lorsque le temps est très-beau, car le peu de stabilité de son long corps ne lui permet pas de résister au moindre coup de vent.

Comme tous les animaux gigantesques et rares, le serpent marin devait exciter une vive terreur, et l'épouvante qu'il causait au navigateur devait se traduire par des récits merveilleux sur sa force et sa férocité. Des marins ra-

---

[1] Ce ne serait pas le premier exemple de reptiles munis de nageoires.

L'*Ichtyosaure*, le *Pliausore*, le *Plésiausore*, etc., dont on trouve les restes fossiles, étaient tous des reptiles marins ayant des nageoires plus ou moins analogues à celles de la baleine.

content que, dans les mers septentrionales, il se jette en travers sur les navires, afin de les faire sombrer par son poids et de se repaître ensuite à son aise des corps des matelots noyés. Ils disent aussi que souvent on le voit se dresser à la surface de la mer, et, se penchant au-dessus du navire, choisir sa proie parmi les voyageurs terrifiés ! Mais si les Norwégiens croient avoir en cet animal un ennemi redoutable, du moins, ils ont un moyen très-simple de le mettre en fuite. Ce serpent a, disent-ils, un odorat très-délicat et très-susceptible : il a surtout l'odeur du musc en horreur, et si on a soin de répandre de ce parfum sur le pont du navire, du plus loin qu'il le sent, il se sauve à toute vitesse ou plonge jusqu'au fond de l'eau.

LE SERPENT DE MER DE NOS JOURS

Mais ce n'est pas seulement dans des temps éloignés que les serpents de mer furent vus par les voyageurs et les marins. Diverses relations modernes en font mention[1], et l'auteur anonyme (M. Amédée Pichot?) d'un excellent article sur *les animaux apocryphes*, publié dans la *Revue britannique*, cite deux lettres très-curieuses que nous lui emprunterons[2].

[1] *François Leguat*, cruellement abandonné par les autorités de l'île Maurice sur un rocher désert, y tua, dit-il, un serpent de mer (*Voyages et aventures de F. Leguat*, 1708).

[2] Cet article a été reproduit par M. Ferdinand Denis dans son petit livre intitulé *le Monde enchanté*. Nous sommes heureux de pouvoir annoncer que cet ouvrage si intéressant, plein d'une si vaste érudition, aujourd'hui introuvable, va être édité de nouveau, et cette fois accompagné de gravures.

La première est signée du capitaine Laurent de Ferry (de Bergen). La voici :

Bergen, 21 février 1751.

« A la fin du mois d'août 1746, je revenais d'un voyage à Trundhin, par un temps calme et chaud. J'avais l'intention de relâcher à Molde, lorsqu'à trois lieues de ce port, au moment où j'étais à lire je ne sais quel volume, j'entendis comme murmurer les huit hommes qui tenaient les rames, et j'observai que celui qui était au gouvernail s'écartait de la terre. A ma question, il fut répondu qu'on apercevait un serpent de mer devant nous. J'ordonnai alors au pilote de se diriger de nouveau sur la côte et d'approcher cette créature singulière, dont j'avais ouï faire tant de contes. Malgré leurs vives alarmes, nos matelots furent contraints d'obéir. Mais le serpent nagea rapidement dans la même direction que nous, et, malgré tous nos efforts, il nous eut bientôt dépassés ; je pris mon fusil, qui était chargé, et tirai sur lui. Il plongea presqu'au même instant, ne reparut plus, et nous vîmes que je l'avais atteint de quelques plombs, car l'eau resta rougeâtre pendant une ou deux minutes à l'endroit où il avait plongé. Sa tête, qui s'élevait à plus de 2 pieds au-dessus des vagues les plus hautes, ressemblait à celle d'un cheval. Il était de couleur grise, avec la bouche très-brune, les yeux noirs, et une longue crinière qui flottait sur son cou. Outre la tête de ce reptile, nous pûmes distinguer sept ou huit de ses replis qui étaient très-gros, et renaissaient à une toise l'un de l'autre. Ayant raconté cette aventure devant une personne qui en désira la relation authentique, je la rédigeai et la lui remis avec les signatures des deux matelots, témoins oculaires, Nicolas Peverson Kopper et Nicolas Nicolson Angleweven, qui sont prêts à attester par serment la description que j'en ai faite.

« L. DE FERRY. »

Laurent de Ferry est très-clair ; sa narration ne présente pas la moindre ambiguïté et concorde très-bien avec toute les autres descriptions qu'on a données du serpent de mer.

Le pasteur Maclan en adresse une autre non moins précise à la Société anglaise wesnérienne d'histoire naturelle. C'est des îles Hébrides qu'il date sa lettre ; il est vraiment amusant de voir la frayeur que le naïf pasteur laisse percer dans toutes ses paroles ; il semble qu'il tremble encore au souvenir de sa rencontre, et ses craintes ne le cèdent qu'à celles du matelot qui voit les yeux du serpent *grands comme des assiettes !*

« J'ai reçu, monsieur, votre lettre du 1er du courant, et j'y aurais répondu plus tôt si je n'avais tenu à multiplier les renseignements relatifs à l'animal dont vous me demandez la description. Si ma mémoire est fidèle, je l'aperçus en juin 1808... sur la côte de Coll. Je me promenais dans un bateau, lorsque je remarquai à un demi-mille de distance un objet qui excita peu à peu ma surprise. A première vue, il m'avait paru comme un petit rocher. Sachant qu'il n'y avait pas de rocher dans cette situation, je l'examinai attentivement. Je vis alors qu'il s'élevait considérablement au-dessus du niveau de la mer, et, après un lent mouvement, je distinguai un de ses yeux. Alarmé de l'aspect extraordinaire et de la taille énorme de cet animal, je dirigeai le gouvernail de ma barque, de manière à ne pas trop m'éloigner du rivage, lorsque tout à coup nous vîmes le monstre plonger de notre côté. Persuadés qu'il nous poursuivait, nous fîmes force de rames. Juste au moment où nous venions de nous élancer sur un rocher, où nous montâmes le plus haut que nous pûmes, nous le vîmes se glisser rapidement à fleur d'eau vers notre proue. A quelques toises de la barque, trouvant l'eau profonde, il redressa son horrible tête, et, faisant un détour, il parut évidemment embarrassé pour se dégager de la crique. Nous l'aperçûmes encore l'espace d'un demi-mille. Sa tête était grosse, d'une forme ovale, et portée sur un cou plus effilé que le reste du corps. Ses *épaules*, si je puis les appeler ainsi, n'avaient aucune nageoire, et le corps allait en s'amincissant vers la queue, dont il était difficile de bien voir la forme, parce qu'il la tenait continuellement basse. Il paraissait se mouvoir par ondulations progressives du haut en bas. Sa longueur pouvait être de 70 à 80 pieds. Il s'avançait ou s'éloignait plus lentement chaque fois que sa tête était hors de l'eau, et lorsqu'il la redressait au-dessus de la mer, il semblait évidemment chercher à distinguer les objets lointains.

« A la même époque où je vis ce serpent marin, il fut aperçu dans les parages de l'île de Canna. Les équipages de treize bateaux de pêche éprouvèrent une telle peur de son apparition, que, d'un commun accord, ils se réfugièrent tous dans la crique la plus proche. Entre Rum et Canna, une barque le vit venir sur elle, la tête hors de l'eau. Un des hommes de cette barque déclara que sa tête était grosse comme un petit baril et ses yeux aussi larges qu'une assiette. Du reste, je n'ai pu obtenir de ceux qui l'ont rencontré aucune particularité plus intéressante que celles de ma propre relation.

« DONALD MACLAN. »

Quelques mois plus tard, venait s'échouer sur la plage de Stronsa, l'une des Orcades, non bien loin, par conséquent, des Hébrides, le corps d'un monstrueux serpent. Aussitôt, en présence du docteur Barclay, des juges de paix du pays et de divers savants, on dressa un procès-verbal qui constata que le monstre avait 16^m,75 de longueur et 3 mètres de circonférence ; qu'une sorte de crinière hérissée s'étendait depuis le renflement qui succédait au cou jusqu'à un mètre environ de la queue ; que les soies de ces crinières étaient phosphorescentes la nuit ; qu'il avait des nageoires de 1^m,57 de longueur et ressemblant assez aux ailes déplumées d'une oie. Ce dernier fait avait été déjà signalé par Paul Égède : « Au lieu de nageoires, dit ce voyageur, il avait de grandes oreilles pendantes comme des ailes [1]. »

Voici donc une première constatation officielle de l'existence du serpent de mer. Il en existe une seconde, qui provoqua mêmes diverses personnes, comme M. Elkannah Finey, M. Abraham Cummings, etc., à déclarer qu'elles aussi avaient vu des reptiles marins.

Au mois d'août 1817, on annonça à la Société linnéenne des États-Unis qu'un animal prodigieux avait été plusieurs fois rencontré dans la baie de Glocester, au cap Anne, à trente milles environ de Boston. Son aspect général rappelait, disait-on, celui du serpent ; il nageait avec une étonnante rapidité, semblable à une série de bouées ou de tonneaux qui, chacun, plongerait à leur tour. Ce n'était jamais que par les temps calmes, alors que le so-

---

[1] Il paraît aussi possible que Statius Selosus, cité par Pline (voir plus haut), ait pris ces nageoires pour des planches. En admettant cette interprétation, sa courte description s'accorderait avec les relations de L. de Ferry et du docteur Barclay.

leil brillait de tout son éclat, qu'il avait apparu aux yeux étonnés des pêcheurs.

Aussitôt la Société nomma un comité pour lui faire un rapport sur cet étrange animal. Des délégués se rendirent sur les lieux, interrogèrent un grand nombre de témoins, firent en un mot une enquête véritable, ni plus ni moins que les juges d'instruction cherchent à constater les moindres circonstances qui ont accompagné un crime mystérieux.

Le compte rendu de cette perquisition eut en Amérique un grand retentissement, et la concordance des dépositions, au moins en ce qui concerne les faits principaux, suffit amplement pour convaincre qu'il ne s'agit point là d'une vaine rêverie, mais bien d'un fait sérieux, d'observations authentiques :

Un des témoins n'avait vu le serpent de mer que de loin ; avec sa lunette il en compta huit fractions espacées, et il attribua cette apparence aux ondulations dans le sens vertical de l'animal. Un autre vit, le 10 août, le reptile glissant avec rapidité entre deux eaux, et l'aperçut encore le 23, cette fois tranquillement étendu sur l'eau, laissant affleurer son corps de couleur brun foncé sur une longueur de 50 pieds. Un troisième individu compare sa tête à celle d'un serpent à sonnettes, mais aussi grosse que celle d'un cheval, et estime que son corps a 100 pieds de long. C'est du reste entre ces deux dimensions que tous les témoins varient. Certains lui ont vu ouvrir la gueule, pareille à celle d'un reptile terrestre. Dans sa natation, tantôt rapide, tantôt lente, il décrivait des cercles ou nageait en ligne droite. Parfois il tenait la tête élevée d'un pied au-dessus de la surface de la mer.

Le 14 et le 28, on lui tira des coups de fusil ; et chaque fois il se retourna, se dirigea vers le bâtiment, puis plon-

geant sous la quille, reparut à quelques toises au delà.
Mais à la seconde attaque, probablement blessé, il s'écarta
et ne revint plus, mettant ainsi un terme aux observations
dont il était l'objet.

Un voyageur belge nous a assuré qu'un jour, dans un
voyage de Rotterdam à Java, non loin de cette île, il
avait vu, à la suite d'une tempête, un serpent long de
plusieurs mètres, qui était endormi sur cette pièce de bois
qui fait saillie à la coque des navires et où commencent
les haubans. On était en pleine mer. Bien vite on le fit
déguerpir.

Un autre, le capitaine Verstraten, Hollandais, racontait
qu'il vit, également près de Java, un de ces animaux de
dimensions gigantesques qui le regardait. Comme il faisait du bruit pour appeler ses hommes, l'animal plongea
par dessous le navire et il vit filer une longue masse.

Nous n'avons pu demander des documents plus précis,
ces deux personnes étant mortes aujourd'hui.

C'est la dernière fois qu'on entendit parler du curieux
animal.

Nous ne savons si ce long exposé aura porté la convic-
tion dans l'esprit de nos lecteurs et s'ils croiront devoir
transporter le grand serpent de mer du monde de la fable
dans celui de la réalité. Nous-mêmes, nous l'avouons en
toute humilité, ne sommes pas bien décidé à cet égard.

Cependant il paraît peu probable que tant de personnes
en aient parlé d'une manière aussi affirmative sans qu'il
y ait quelque vérité au fond de leurs descriptions ; de
plus il serait étonnant de voir les Américains, les Anglais
et les Norwégiens s'accorder dans leur dire d'une manière
si remarquable si leurs récits n'avaient pas quelque fon-
dement.

De ce qu'on ne l'ait pas vu récemment, de ce qu'il n'en

existe aucun débris dans nos musées, on n'a pas le droit de conclure que le serpent de mer est complétement une œuvre d'imagination.

Il est seulement probable que la peur, qui grossit les objets, que le désir de briller, qui engage à les dénaturer, auront porté les narrateurs à grandir considérablement les dimensions du serpent, comme cela est arrivé pour le *kraken*, la *baleine*, le *roc*, etc.

Rien, dans tout ce qu'on en rapporte, n'est incompatible avec les lois de la nature ; et certes, parmi les reptiles marins qu'a révélés l'étude des ossements fossiles, il en est peu qui ne soient mille fois plus extraordinaires que notre serpent ! Et d'ailleurs si on ne veut pas admettre que ce soit un serpent aquatique [1], ne peut-on voir, avec sir Éverard Home, dans cet animal. un squale à corps allongé ?

Du reste, que les baigneurs se rassurent. Le serpent de mer, si tant est qu'il existe, n'est point méchant. Il ne s'approche des côtes que pour muer, puis, bien vite, il retourne en pleine mer; il ne peut nager que dans les eaux profondes et ne quitte guère les mers froides. Craintif, il fuit l'homme, et les pêcheurs scandinaves savent fort bien que, lorsqu'ils le rencontrent, il suffit de gouverner droit sur sa tête pour qu'il plonge et disparaisse.

Rappelons en terminant qu'il faut bien prendre garde,

---

[1] Les naturalistes connaissent déjà tout un groupe de serpents aquatiques vivants, mais ils sont petits. Leur queue est aplatie de manière à servir de rame. Tous habitent les mers chaudes, voisines de l'équateur, et on ne les a jamais pris qu'en pleine mer, dans les filets. Nous donnerons pour exemple le *plature à bandes*, du Japon ; il est couvert d'écailles formant des anneaux alternativement blancs et noirs. Ces reptiles n'ont ni pattes ni nageoires. Dans les eaux de la Nouvelle-Calédonie, notre colonie, pullulent des serpents de mer de 2 mètres de long.

lorsqu'on recueille les pages écrites sur le serpent de mer,
que deux causes d'erreur ont souvent trompé les observateurs :

Le jour, il est arrivé qu'en voyant flotter des touffes
d'algues brunes formant un long cordon, des marins su-
perstitieux ont cru voir se dérouler les anneaux du monstre. Mais c'est surtout la nuit, lorsque serpentent dans la
mer des chaînes de *salpes phosphorescentes*, que l'illusion
est complète.

Les *salpes* ou *biphores* sont des mollusques agrégés.
Isolé, chacun d'eux a le corps oblong, à peu près cy-
lindrique, irisé, contractile, ouvert à chaque extrémité.

On trouve les salpes réunies en files transparentes d'une
grande délicatesse, composées d'individus placés côte à
côte et greffés transversalement à chaque extrémité, formant un double cordon parallèle.

Elles flottent ainsi sur une longueur de 30 ou 40
milles.

« Les colonnes de salpes, dit Rymer-Jones, glissent dans
les eaux tranquilles par des ondulations régulières. Les
petites nageuses de chaque file se contractent et se di-
latent simultanément. Elles manœuvrent de concert comme
une compagnie de soldats bien disciplinés : chaque série
ne semble offrir qu'un seul individu qui flotte en ser-
pentant. »

Il est aisé de concevoir que, bien des fois, des voyageurs
voyant avancer vers le navire ces colonnes lumineuses,
ont dû croire qu'ils avaient devant les yeux le fameux
serpent de mer.

Remarquons toutefois que cette explication est incompatible avec certains récits : ce sont ceux où on parle
de l'élévation de la tête de l'animal au-dessus de l'Océan.
Ceux-là seuls peuvent donc fournir quelques indices qui

permettraient peut-être à un patient érudit de découvrir enfin la vérité sur cet animal.

Espérons, d'ailleurs, que, s'il existe réellement, il sera bientôt observé ou même capturé par quelque voyageur, quelque marin instruit et scrupuleux.

Aujourd'hui. nos officiers de marine sont des hommes

Fig. 18. — Chaîne de salpes. (Extrait du *Monde de la mer*, de Frédol.)

instruits et capables, presque tous artistes, beaucoup naturalistes et plusieurs écrivains. Ils savent observer et font profiter la science des découvertes que leur position les met à même de faire fréquemment. Il ne faut point douter que, grâce à eux, des questions encore obscures sur le monde des eaux salées ne soient élucidées dans un court laps de temps.

IV

OISEAUX

VIII

LES MÉTAMORPHOSES DES OISEAUX MARINS

—

LES OIES BERNACHES — LES MACREUSES — LES FABLES ANCIENNES
LA VÉRITÉ

On l'a dit bien des fois : c'est le propre de l'ignorance de vouloir paraître ne rien ignorer. C'est ainsi que les savants actuels qui savent beaucoup, n'hésitent pas à reconnaître que la nature est loin de leur avoir encore dévoilé tous ses mystères ; tandis que les naturalistes anciens aimaient mieux forger et soutenir les fables les plus invraisemblables, que de consentir à un pareil aveu. Telle est évidemment la cause des histoires incroyables qui jadis ont eu cours sur l'origine des macreuses et des oies bernaches.

C'est avec intention que nous accouplons ces deux espèces si différentes, puisque l'une est un canard et l'autre une oie, car presque tous les auteurs que nous allons citer les ont confondues, et leurs descriptions se rapportent aussi bien à l'une qu'à l'autre.

Comme la plupart des palmipèdes, ces oiseaux voyagent par troupes innombrables. Leurs bataillons, serrés au point d'obscurcir le soleil, viennent passer une partie de

9

l'année dans les régions septentrionales de l'Europe, en Écosse et en Norwége, puis repartent, se dirigeant vers le nord.

Quand, où, comment pondent-ils ? c'est ce que nos ancêtres ignoraient. Ils en conclurent tout simplement qu'ils ne pondaient jamais.

Quelle pouvait donc être alors leur origine ? les savants réfléchirent longuement, et enfin décidèrent la question comme l'explique, au quinzième siècle, l'auteur des *Merveilles du monde*, dans le passage suivant :

« Près la région d'Écosse, et isle de Pomonie, sur le rivage de la mer, se congreent et s'engendrent certains oyseaux que les habitants du pays appellent crabrans, ou cravens : lesquels oyseaux ne sont engendrez, ne ponds, ne couvez, ne de mère, ne de père ; mais naissent, et se congreent, et s'engendrent en la corruption et pourriture du vieil bois et merrains des vieilles nefs, des vieux mas et des vieux avirons qui se pourrissent dans la mer, et s'engendrent en cette manière. Quand ce vieil merrain de vaisseaux, qui est sur le bord du rivage de la mer, tombe en mer ; il est pourry et corrompu du lymon d'icelle ; et de ceste pourriture, il s'engendre en ce bois une manière de limon qui est aussi gluant, et tenant comme glaire ; duquel limon se forment et engendrent oyseaux qui pendent par le bec, contre ce vieil bois, bien par l'espace de deux mois, et plus : et quand ce vient qu'ils sont tous couverts de leurs plumes, et qu'ils sont grands et gros, lors ils cheent (tombent) dans la mer ; et adonc Dieu de grâces leur donne vie naturelle, et deviennent beaux et plaisans oyseaux, et ont la plume noire, et volent parmy la mer, partout où ils veulent, comme font autres oyseaux : et ont la chair aussi blanche et aussi tendre, et aussi savoureuse, comme est la chair d'une cane sauvage. » Ce qui, ajoute l'auteur anonyme, n'a rien de bien étonnant, « puisque la Genèse déclare que les oyseaux furent créés en même temps que les poissons, du lymon de la mer[1]. »

Cette explication ingénieuse, extraordinaire, ne pouvait

Fig. 19. — Macreuse. (Extrait du *Monde de la mer*, par Frédol.)

manquer d'avoir du succès; elle fut en effet généralement accueillie. Cornelius, Scribonius, Alexandre d'Alexandrie,

---

[1] *Des Merveilles du monde*, chap. LXII — *in* Claude Duret, *Hist. admirable des plantes*, p. 497. (Paris, 1665.)

Parthénopus, Torquemadas, Baptiste Porte l'adoptèrent complétement.

Mais bientôt une autre version se produisit qui rallia autour d'elle un certain nombre d'érudits, comme Munster, G.-A. Vavasseur, Jean Botere, Saxon le Grammairien. Cette nouvelle théorie, c'était que nos palmipèdes étaient des feuilles d'un certain arbuste de rivage qui, en tombant dans l'eau, se métamorphosaient en oiseaux !

Une lutte s'engagea, qui occupa longuement et vraiment d'une façon bien inutile pour la science les précieux moments des penseurs du seizième siècle.

Michel Majorus composa, pour prouver que les macreuses venaient du bois pourri, un discours dans lequel il étale toutes les subtilités du péripatétisme. « Je trouve, dit-il, la *cause efficiente* de la génération de cet oiseau dans le soleil, qui concourt à toutes les générations par sa chaleur vivifiante. La *cause matérielle*, c'est le bois pourri. La *cause finale*, c'est la gloire de Dieu et l'ornement du monde. » Quant à la *forme substantielle*, il la trouve dans les étoiles ; il voit une *forme astrale* qu'il marie au bois pourri, et d'un si beau mariage fait naître des macreuses sans nombre[1].

Un poëte du seizième siècle veut célébrer ces merveilles, mais se tient prudemment entre les deux partis, admettant à la fois la paternité des solives et des feuilles.

> Ainsy sous soy Boothe ès glaceuses campagnes,
> Tardif void des oysons, qu'on appelle cravaignes,

---

[1] Les preuves sur lesquelles s'appuie le comte Maier ou Majorus sont bizarres et, s'il n'était si naïf, on eût pu l'accuser d'irrévérence lorsqu'il disait : « Quod finis proprius hujus volucris generationis sit, ut referat duplici sua natura, vegetabili et animali Christum, Deum et hominem, qui quoque sine patre et matre, ut illa, existit. » (*Thaumatographia*, par Johnston, cap. vi.)

Qui sont fils (comme on dit) de certains arbrisseaux,
Qui leur feuille féconde anime dans les eaux. .
Ainsi le viel fragment d'une barque se change
En des canards volants : ô changement estrange !
Mesme corps fut jadis arbre vert, puis vaisseau,
Naguéres champignon, et maintenant oyseau.

Cette idée que les feuilles, au contact de l'onde, pouvaient s'animaliser, n'était du reste pas nouvelle. Une légende prétend qu'en Égypte certains poissons naissent ainsi des feuilles de la stratiote, et un voyageur anonyme qui a laissé un manuscrit en langue romane, daté de 1522, écrit :

« Hia arbre en nostro pays co es en Angleterra, quey ha arbre, qua les flors qui donent en terra se tornan ocells bolars qui sont bons per mengar è no vivèn, et aquele qui caen en l'aygua vivent, et daco ells se mar alveten fortimen. »

Mais tout cela ne suffisant pas encore pour contenter certains esprits difficiles; l'abbé de Valmont, partant d'opinions émises par Péna, Lovel, Guillaume Rouille, et de récits populaires sur les côtes anglaises, inventa l'histoire célèbre des anatifes.

Les anatifes et les balanes sont, on le sait, des cirrypèdes, c'est-à-dire des animaux semblables en apparence aux mollusques, fixés comme eux sur les corps submergés et préservés par une enveloppe calcaire, mais dont l'organisation rappelle surtout celle des crustacés. Aujourd'hui, on connaît leur mode de production, on sait que les jeunes diffèrent considérablement des parents, sont mobiles, et ne se fixent qu'au moment de devenir adultes ; mais il y a cent ans, on n'avait pas encore su surprendre ces secrets, et on ignorait les mœurs de ces bestioles.

L'origine des balanes et celle des macreuses étaient

également inconnues. Il y avait là, pensa l'abbé de Valmont, plus qu'une simple corrélation fortuite. Il se rappelait d'ailleurs que Scaliger avait écrit que, devant lui,
« on apporta à François Iᵉʳ, ce très-bon et très-grand roi,
un coquillage qui n'était pas grand, où il y avait un petit

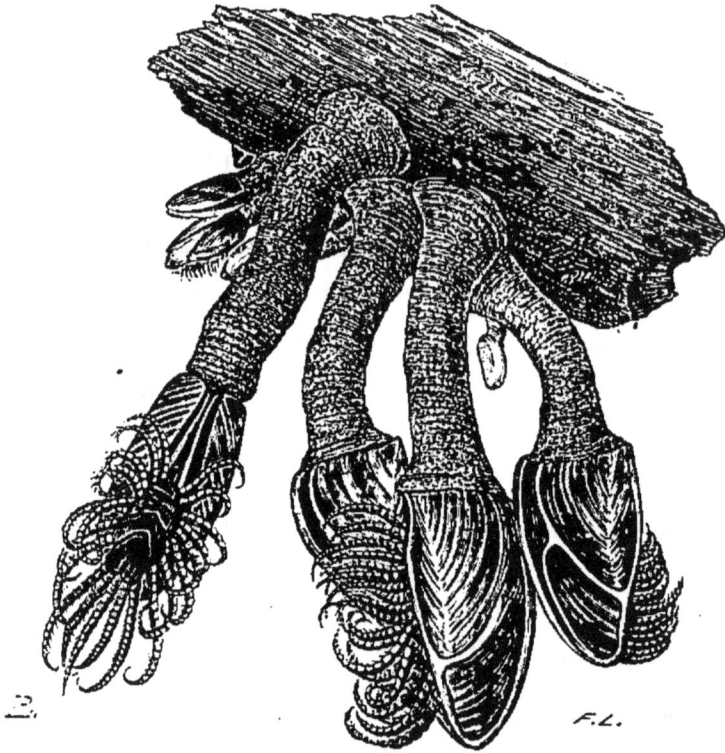

Fig. 20. — Anatifes. (Extrait du *Monde de la mer*, par Frédol.)

oiseau tout formé. Il tenait à la coquille par les extrémités
des ailes, du bec et des pieds. Les hommes doctes, dont ce
monarque était un père tendre et un bienfaiteur libéral,
étaient d'avis que le poisson qui était dans la coquille
avait été changé en oiseau. » L'abbé conclut de tout cela
que les anatifes sont les œufs des macreuses et des oies.

« J'espère ne rien hasarder, dit-il, en assurant que les
macreuses jettent leurs œufs, comme font les poissons;

et, que, comme eux, elles les laissent tomber à l'aventure, au gré de l'eau; et que le soleil les fait éclore. J'ajoute — écrit-il, comme concession à l'ancienne tradition — que quand ces œufs flottent dans l'eau, ils s'attachent à ce qu'ils rencontrent, et surtout au bois pourri, parce qu'il est couvert d'une viscosité qui les retient. »

Sur ces entrefaites, un véritable et consciencieux observateur, M. Childrai, annonce qu'il est enfin parvenu à trouver, tout au nord de l'Écosse, des macreuses couvant leurs œufs, semblables à ceux des autres palmipèdes. On croirait qu'une découverte si vraisemblable dût être aussitôt admise, et réduire à néant tous les systèmes extravagants que nous venons de rappeler; il n'en est rien. On refuse de le croire. Mais ce qui est le plus curieux, ce sont les motifs sur lesquels on s'appuie pour réfuter ses assertions; nous laissons la parole à l'abbé de Valmont :

« Je crains bien que M. Childrai ne soit pas au fait. Il n'a pas réfléchi que les animaux qui ont le sang froid comme les poissons et les macreuses, ne couvent point leurs œufs. Pourquoi les couveraient-ils? Ils perdraient bien leur temps. Serait-ce pour échauffer leurs œufs? Mais comment les échaufferaient-ils? car enfin les poissons et les macreuses sont des animaux froids comme marbre! J'avoue que je ne comprends pas pourquoi les macreuses couveraient leurs œufs. Je crois que M. Childrai s'est trompé et qu'il a pris des canes sauvages pour des macreuses. »

Voilà pourtant à quelles aberrations peuvent mener des idées préconçues! Il est évident que l'abbé croirait faire acte d'hérésie en admettant, contrairement aux décisions de l'Église sur les aliments gras ou maigres, que les oiseaux aquatiques sont autre chose que des poissons emplumés; et, au commencement du dernier siècle long-

temps après Perrault, Duverney, etc., il préfère croire
à un écart énorme de la nature qu'au peu de science des
anciens.

Il est permis du reste de penser que l'abbé de Valmont,
s'abandonnant sans frein à son imagination, s'inquiétait
peu de découvrir la vérité ou non, pourvu que ce qu'il
disait ne passât pas inaperçu. Ainsi, non content de dis-
serter longuement et avec une assez grande diffusion sur
les liens unissant anatifes et macreuses, il veut trouver un
prétexte pour insérer cette belle dissertation dans son
livre sur les *Curiosités de la végétation*, et, pour cela, s'efforce de prouver que les anatifes (selon lui, quelques lignes
plus bas, des larves de palmipèdes), sont cependant des
plantes. La preuve, dit-il, c'est qu'on les trouve réunis en
bouquets ! Quelle logique !

Combien supérieure à cette grossière invention est la
poétique fable d'Ovide sur la métamorphose d'Ésaque
en plongeon, et surtout celle où il chante l'origine des
alcyons :

> Mane erat, egreditur tectis ad littus et illum
> Mœsta locum repetit, de quo spectarat euntem, etc.

« Au point du jour, Alcyone court au rivage et se dirige
tristement vers l'endroit où elle a vu son époux s'embarquer. Là elle s'arrête : « C'est ici, dit-elle, qu'il mit à
« la voile ; c'est ici qu'il me donna le baiser d'adieu. »
Tandis qu'elle se retrace les scènes dont ses yeux furent
témoins, et qu'elle promène ses regards sur la mer, elle
aperçoit dans le lointain, flottant sur l'onde, un objet semblable à un cadavre. Elle ne distingue pas d'abord ce que
c'est. Peu à peu les flots poussent le corps vers elle. Quoiqu'il soit encore éloigné, elle reconnaît la dépouille d'un

homme. Elle ignore quel est cet infortuné ; mais il a péri dans un naufrage, et son cœur est troublé de cet augure. Puis, comme si elle pleurait un inconnu : « Hélas, dit-elle, « qui que tu sois, je plains ton sort et celui de ton épouse, « si tu en as une. » Les flots rapprochent le cadavre du bord ; plus elle est attentive, plus ses sens sont émus. Enfin le corps touche au rivage ; Alcyone peut le reconnaître. Elle regarde ! c'était son époux. « C'est lui, » s'écrie-t-elle. Au même instant, elle déchire ses vêtements et son visage, elle s'arrache les cheveux, et, tendant à Céyx ses mains tremblantes : « Est-ce ainsi, mon cher époux, « dit-elle, est-ce ainsi que tu devais m'être rendu ? »

« Près de la mer est une digue artificielle qui brise la première impétuosité des flots, et rend leur choc impuissant. Alcyone s'élance, au grand étonnement de tous, mais elle volait : oiseau infortuné fendant l'air de ses récentes ailes, elle effleurait les vagues. Des sons tristes, des cris plaintifs sortaient de sa bouche, ou plutôt de son bec. Elle touche ce corps pâle et glacé, entoure de ses ailes ces restes chéris, et y imprime mille baisers. Céyx les a-t-il ressentis, ou bien le mouvement de l'onde a-t-il soulevé sa tête ? on ne sait, mais il a été sensible. Les dieux émus avaient enfin changé les deux époux en oiseaux. Leur amour est resté le même, malgré ses nouveaux destins, et sous leur nouvelle forme ils sont fidèles à la loi de l'hymen. Pendant sept jours sereins, en hiver, l'Alcyon couve dans un nid suspendu sur les flots. Alors la mer est sans danger. Éole enchaîne les vents dans leur prison et calme les flots en faveur de ses petits-fils. »

Tous les oiseaux dont nous venons de parler appartiennent à la grande famille des palmipèdes. La *bernache* (*anas lecopsy*), dit Buffon, a la taille plus petite et plus légère, le cou plus grêle, le bec plus court et les jambes proportionnellement plus hautes que l'oie sauvage ; mais elle en a le port, toute l'apparence générale et les caractères génériques. Son plumage est, sur le dos, largement bigarré de blanc et de noir, d'où ses surnoms de *nonette* et de *religieuse*, et sous le ventre, d'un beau blanc moiré.

Elles nichent au nord de la Norwége et dans le Groënland et n'apparaissent que pendant l'automne et l'hiver sur les côtes d'York, de Lancastre et de Londonderry ; on en a vu, mais très-rarement, quelques individus descendre jusqu'en Bourgogne. C'est un oiseau lourd, sans défiance, qui se laisse prendre aux filets avec la plus grande facilité.

L'historien de la Scandinavie rapporte que « les habitants du septentrion salent les oyes, puis les font sécher au soleil, et les mangent crues et cuites après le solstice d'été, comme aussi font-ils de tous autres animaux. » Voilà une cuisine séduisante !

Quant à la macreuse (*anas nigra*), son plumage est noir ; plus ramassée, plus courte que le canard commun, elle est à peu près de même volume. Nous terminerons en citant quelques fragments des notes intéressantes que Baillon a recueillies sur ses mœurs :

« Les vents du nord et du nord-ouest amènent, le long de nos côtes de Picardie, depuis le mois de novembre jusqu'en mars, des troupes prodigieuses de macreuses ; la mer en est pour ainsi dire couverte : on les voit voleter de place en place et par milliers, paraître sur l'eau et disparaître à chaque instant. Dès qu'une macreuse plonge, toute la bande l'imite et disparaît quelques instants après...

« La nourriture favorite des macreuses est une espèce de coquillage bivalve, lisse et blanchâtre, large de quatre lignes et long de dix ou environ, dont les hauts-fonds de la mer se trouvent jonchés en beaucoup d'endroits... Lors-que les pêcheurs remarquent que, suivant leur terme, les macreuses *plongent aux voimeaux* (c'est le nom qu'on donne ici à ces coquillages), ils tendent leurs filets hori-zontalement, mais fort lâches, au-dessus de ces coquillages et à deux pieds au plus du sable : peu d'heures après, la mer, entrant dans son plein, couvre ces filets de beaucoup d'eau, et les macreuses suivant le flux et le reflux à deux ou trois cents pas du bord, la première qui aperçoit les coquilles plonge ; toutes les autres la suivent, et rencon-trant le filet qui est entre elles et l'appât, elles s'empêtrent dans ces mailles flottantes : ou si quelques-unes plus dé-fiantes s'en écartent et passent dessous, bientôt elles s'y enlacent comme les autres en voulant remonter après s'être repues : toutes s'y noient ; et, lorsque la mer est re-tirée, les pêcheurs vont les détacher du filet où elles sont suspendues par la tête, les ailes ou les pieds[1]...

« J'ai eu, cette année 1781, pendant plusieurs mois dans ma cour une macreuse noire ; je la nourrissais de pain mouillé et de coquillages. Elle était devenue familière... Sa marche est lente ; si on la pousse, elle tombe, parce que les efforts qu'elle se donne lui font perdre l'équilibre... Elle ne s'amuse pas comme la pie de mer à ouvrir le co-

---

[1] C'est en faisant cette pêche que Walton découvrit la mytiliculture, ainsi que nous l'avons raconté autre part. (*Les Plages de la France*, p. 151 ; Hachette édit., 1866.)

quillage dont elle se nourrit : elle l'avale entier et le di-
gère en peu d'heures. J'en donnais vingt et plus à ma macreuse... La mer est son unique élément ; elle vole aussi
mal qu'elle marche. » Enfin elle mourut des blessures que
les graviers de la cour lui faisaient aux pieds.

V

MAMMIFÈRES MARINS

IX

LA REINE DES MERS

DIVERSES SORTES DE BALEINES — LEUR MANIÈRE DE MANGER — LEURS
DIMENSIONS — FABLES DE L'ANTIQUITÉ, DU MOYEN AGE ET DE L'ORIENT.

Le plus monstrueux de tous les animaux est la baleine.
Les éléphants eux-mêmes sont des nains auprès d'elle et
quoiqu'il faille rabattre beaucoup des anciennes exagérations, ses dimensions réelles sont encore telles que si on
en mettait une debout sur sa queue, au milieu du parvis
Notre-Dame, sa bouche atteindrait à peu près le milieu
des tours.

On sait qu'il y a diverses espèces de baleines. Les unes
ont le dos uni, les autres portent des bosses ou ailerons.

Dans la première catégorie se rangent les *baleines franches* ; celle du nord, celle de l'hémisphère austral, qu'on
nomme aussi *baleine du Cap*, le *nord-caper* du Nord et le
sulpher-bottom du Sud ; ces deux dernières ne sont sans
doute que des variétés d'une même espèce.

Dans la seconde, on comprend la *baleine noueuse*, la
humpback ou *rorqual*, et la *finback* ou jubarte.

Jadis on ne chassait que la *baleine franche du Nord*, et

c'est elle que les Esquimaux tuaient en lui lançant des harpons dont l'extrémité était garnie de vessies pleines d'air ; ce qui l'empêchait de couler ou de plonger et permettait de l'achever aisément à coups de lances.

C'est elle, elle seule que poursuivaient les baleiniers jusqu'à la fin du dernier siècle. A cette époque, les Anglais et les Américains, ne trouvant pas dans les mers boréales assez de baleines pour couvrir leurs frais, les abandonnèrent et allèrent dans l'autre hémisphère pêcher la *baleine du Cap*. Les naturels de la Nouvelle-Zélande et de la Floride l'attaquaient depuis longtemps. On prétend que ces derniers la faisaient périr en enfonçant des pieux dans ses narines ou évents.

Aujourd'hui, cette espèce, qui du temps de *Marco Polo*[1], pullulait sur les côtes de Zanzibar, a tellement diminué à son tour, qu'on a dû ajouter à sa recherche celle de la *jubarte* qu'autrefois on négligeait à cause de sa vivacité, de sa résistance, des dangers que couraient les pêcheurs et du peu de profit qui les en récompensait.

Enfin quelques essais heureux introduisirent depuis quelques années le *nord-caper* ou *sulphur-bottom* dans les rangs des cétacés utiles.

Chez toutes ces espèces, la tête est allongée, grande, et la bouche forme une chambre vaste, presque hermétiquement fermée vers le gosier et largement ouverte en avant.

Chacun sait que la mâchoire supérieure est garnie sur les côtés, en place de dents, de deux rangées de *fanons*, c'est-à-dire de lames cornées, noires, fibreuses, de la forme d'une faux, susceptibles de se débiter en minces

---

[1] Marco Polo, *Voyages*, publiés par M. Éd. Charton. (*Voyageurs anciens et modernes*, t. II.)

Fig. 21. — Baleine du Nord.

bandes qu'on vend dans le commerce sous le nom de *baleines*. Le bord interne des fanons s'effile en nombreux
filaments flottants qui figurent une sorte de chevelure, un
réseau serré, à l'intérieur de la bouche.

La mâchoire inférieure n'a ni dents ni lames. Elle porte
une large lèvre très-mobile qui recouvre les fanons suspendus au-dessus, ou tout au moins leur extrémité ; lorsque la bouche est fermée, elle masque l'intervalle qui
sépare, en avant de la bouche, les deux rangées ; quand la
baleine abaisse cette lèvre, elle découvre une large ouverture.

Dans cette ouverture, l'eau s'engouffre, puis ressort latéralement entre les lames cornées, abandonnant dans la
cavité, par suite de ce tamisage, tous les corps solides,
tous les petits poissons, tous les mollusques, tous les crustacés qu'elle contenait. Quant aux grands animaux, ils se
garent du tourbillon. Alors la baleine relève ses lippes et
gonfle sa langue qui occupe peu à peu toute la capacité de
la bouche, chassant l'eau et réunissant les aliments sous
la voûte du palais.

On conçoit maintenant que la baleine n'avale pas d'eau,
et quoi qu'on en dise, elle n'a nul besoin de la rejeter par
les narines.

Celles-ci sont situées sur le dessus de la tête et prennent
le nom d'*évents*. Quand le cétacé vient respirer à la surface
de la mer, quelques gouttes d'eau s'introduisent forcé-
ment avec l'air et s'amassent dans une poche spéciale,
située en arrière, et musculeuse. Pendant le séjour sous-
marin de l'animal, un rétrécissement du canal interdit à
l'onde le chemin des poumons. Quand il rejette l'air
vicié, mêlé d'une grande quantité de vapeur et d'humeur
nacrée, il contracte son réservoir et en chasse l'eau sous
forme de pluie qui se mêle à l'air expiré. Telle est la cause

de la double gerbe blanche qu'on voit de temps en temps sortir de la tête des baleines.

Les animaux qui forment la nourriture de ces cétacés étant tous d'un faible volume et assez mous, le gosier est extrêmement étroit. Tandis qu'une chaloupe et son équipage pourraient se tenir dans la bouche, un maquereau ne saurait pénétrer dans l'estomac.

« Du règne de Philippe II, roi d'Espagne, dit le père Fournier[1], il en parut une dans l'Océan, bien différente des autres, car elle paraissait en partie sur l'eau, ayant des aisles fort grandes, et marchant comme un navire. Quelque vaisseau l'ayant aperçüe, et luy ayant rompu une aisle d'un coup de canon, ce monstre entra de grande roideur par le détroit de Gibraltar avec des meuglements horribles, et enfin vint s'eschuer à Valence, où on la trouva morte. Le test de la tête était si grand que sept hommes y pouvaient entrer, et un homme à cheval se tenir dans sa gueule ; on trouva deux hommes morts dans son ventre : on en voit encore dans l'Escurial la mâchoire qui a 17 pieds de long. »

Le père Fournier ajoute : « Cadamuste, en son journal, fait mention d'un poisson de semblable nature, qui avait, à ce qu'il raconte, des aisles grandes comme celles d'un moulin à vent. »

Non-seulement la trouvaille de deux hommes est un embellissement, mais encore la descriptions de ces baleines, avec des ailerons énormes, semble complétement apocryphe

Ce n'est pas, tant s'en faut, le seul conte qu'on ait fait sur les baleines. Leurs dimensions surtout ont été de tous temps le thème favori des hâbleurs de tous les pays, et

---

[1] Fournier, *Hydrographie*

comme le merveilleux séduit toujours, on a volontiers admis les versions les plus exagérées, tandis qu'on éliminait les descriptions exactes.

Pline croit que la mer Indienne nourrit des baleines de plus de 900 pieds (300 mètres) c'est-à-dire grandes comme un village.

Des romanciers, et même des naturalistes, comme Gesner [1], se sont plu à représenter la baleine comme un poisson semblable à une île et à faire descendre les navigateurs sur son dos couvert d'algues vertes. Saint Ambroise, saint Malo, etc., ont failli, selon la tradition, être victimes de cette erreur.

Cette idée de faire prendre pied par les marins sur le dos des cétacés endormis n'est d'ailleurs nullement propre à l'Occident. Dans les *Mille et une Nuits*, recueil de contes qui, comme on le sait, ont été écrits d'après des légendes et des manuscrits arabes fort anciens, Sindbad le Marin aborde une baleine : « Un jour que nous étions à la voile, le calme nous prit vis-à-vis une petite île. Le capitaine fit plier les voiles et permit de descendre aux personnes qui le voulurent. Je fus du nombre de ceux qui débarquèrent. Mais dans le temps que nous nous divertissions à boire et à manger, l'île trembla tout à coup, et nous donna une rude secousse... C'était une baleine. »

On comprend que cette fable, ainsi répétée de toutes parts, ait été adoptée par tous ceux qui n'avaient pu en contrôler l'exactitude par eux-mêmes, et le nombre en était grand. Le *Bestiaire d'amour*, de Francheval, écrit du moyen âge, la rappelle ainsi :

« Aussi com il avient d'une manière de Balaine; qui est si granz que quant elle tient son dos deseure l'eve (eau),

---

[1] Gesner, *de Piscium*, etc. (1551), in-fol., p. 119.

li (les) nautoniers qui le voient cuident (croient) que ce
soit une isle, à çon (cause) que ele a le cuir del tot (partout) en tel manière come sablon de mer. Et de tant come
li marinier viennent arriver sor li aussi com ce fust une
isle, et s'i logent et demeurent VIII jorz ou XV et cuisent
lor viandes sur le dos à la balaine. Mais quant ele sent
le feu, si plonge soi et aus (les autres) el fons de la
mer. »

Dans le *Bestiaire divin*, de Guillaume, composé à la
même époque à peu près, on rappelle la même croyance
et on dit qu'elle a des écailles semblables à du sable, que
son gosier est aussi « large qu'une vallée » et que son ha-
leine, suave, attire les poissons.

On est étonné que toutes ces idées soient aussi fausses,
lorsqu'on en cherche l'origine dans les récits des marins,
qui, généralement pèchent moins par l'exactitude des
descriptions que par l'exagération des dimensions.

Dans un livre juif (Bara-Bathra), il est dit qu'un vaisseau navigua trois jours au-dessus d'une baleine pour
aller de la tête à la queue.

Les Orientaux l'emportent encore sur nous sous ce rapport. Un auteur arabe affirme que le monde repose sur une
baleine. Celle-ci vient-elle à frémir, la terre est secouée :
telle est la cause des tremblements de terre. Il y a deux
cents à parier contre un que la fraicheur de l'été de 1866
aura déterminé chez la baleine le frisson qui a tant ému
les Parisiens... Un jour, le démon la vint trouver, et lui
reprochant de supporter un fardeau inutile, lui persuada
de secouer son échine et d'en faire tomber notre globe.
Elle allait le faire, lorsque, fort heureusement, quelqu'un
prévint Allah, qui accourut, et après de longs pourparlers
obtint de la baleine qu'elle continuerait à porter la terre.

Les habitants de Madagascar racontaient à Flacourt

qu'il existe des poissons monstrueux trois fois plus grands que la baleine franche, et que, vers 1630, il en échoua un, tout velu et tout puant, dans l'anse de Ranoufoutchy.

Il y a dans les mers du Zeudj, dit Maçoudi dans les *Prairies d'or*, des baleines (El-Owa), longues parfois de 4 à 500 *coudées omarri*, mais ordinairement de 100 coudées. Mais elles sont peureuses, et il suffit aux marins de faire grand bruit pour les effrayer.

Enfin les livres chinois, et entre autres le vieux traité *Tsi-hiai*, parlent de la baleine *phég*, qui bat 3,000 (433

Fig. 22. — Dépècement de la baleine. (Fac-simile d'une gravure d'Aldrovande.)

lieues) de mer alors qu'elle s'agite. Quand elle est vieille, cette baleine se métamorphose, et le géant des mers devient le géant des airs, le roc. Nous reviendrons, dans un autre ouvrage, sur cette tradition.

« La baleine se paît fort volontiers de harengs et veaux marins, prétend Olaüs Magnus, comme poissons plus gros que les autres, les poursuivant, et elle est souvent attrapée en des monticules de sable, la mer la délaissant, quand elle s'en va, de façon que tant plus elle tâche à s'en retirer, et plus elle s'enfonce dedans le sable, se débattant, et fait des deux côtés d'elle comme deux petites collines. » Les pêcheurs accourent alors, l'arrêtent définitivement à l'aide d'ancres et de cordes et la dépècent.

Aldrovande admet ce fait sans discussion et le fixe par la gravure que nous reproduisons (fig. 22), et qui est une amplification embellie d'une vignette de Magnus.

Sans doute le dessinateur qui la traça fit preuve de bien

Fig. 25. — Baleine attaquant un navire. (Fac-simile d'une gravure d'Aldrovande.)

faibles connaissances zoologiques, mais c'est surtout dans les trois suivantes, que son imagination s'est livrée à tout son essor.

L'une (fig. 25) a la prétention de représenter une baleine attaquant un navire. Oui, cet être inouï, au cou cerclé de pointes, au corps informe, à la bouche démesurée et garnie de six énormes défenses, au crâne défoncé laissant jaillir l'eau, à l'œil moqueur et grand comme la tête d'un homme, est, selon de graves naturalistes, l'image parfaite d'une baleine! Et ce qu'il y a de plus curieux, c'est que tout à côté, Aldrovande donne une figure, grossière, il est vrai, mais assez juste, de la baleine, d'après Rondelet.

Ce n'est pas là, du reste, sa seule inconséquence ren-
versante. A la suite de ces images, s'en trouvent d'autres,
qui, toutes, figurent des baleines non moins fantaisistes,
mais entièrement différentes les unes des autres.

On y voit par exemple un monstre dont le cou porte un
collier semblable à un parapluie perré et sur les flancs

Fig. 24. — Baleine combattue par des orques. (Fac-similé d'une
gravure d'Aldrovande).

duquel se prélassent des matelots, tandis que, sans tenir
compte le moins du monde des lois de l'équilibre, la mar-
mite tient sur un bûcher symétrique [1]; un autre est déchiré par des dauphins orques que Caillot n'eût osé rêver
(fig. 24); d'autres encore poursuivent une caravelle en
lançant des panaches d'eau (fig. 25).

Cette dernière est vraiment comique. Ces baleines im-
possibles, armées sur le front de dards serrés, nageant
d'un air refrogné vers les barriques vides qu'on leur jette
pour les amuser; ce navire surchargé de marins qui sont
d'autant plus grands qu'ils sont plus éloignés; et surtout

[1] Voir cette gravure dans la grande édition *l'Univers*, par le savant
M. Pouchet, que nous avons déjà eu l'occasion d'annoncer.

sur la poupe ce grotesque musicien qui joue du trombone, espérant sans doute dans sa modestie que les baleines mêmes seront mises en fuite par ses accords peu harmonieux; tout cela ne forme-t-il pas un tableau d'une naïveté amusante?

Ces gravures sont absurdes, elles ne peuvent même indiquer l'état de la science vraie d'alors, mais elles sont *naïves*; elles fixent les idées populaires de l'époque

Fig. 25. — Baleines poursuivant un navire. (Fac-simile d'une gravure d'Aldrovande.)

sur les monstres marins; elles sont curieuses, étranges, et nous espérons que le lecteur trouvera qu'il n'était pas absolument inutile de les produire.

En général, la baleine est un animal long de 30 à 35 mètres, ayant une tête énorme, des nageoires et, chez quelques espèces, des ailerons sur le dos. Elle porte cinq ou six cents fanons à la mâchoire supérieure. Son œil est fort petit, l'oreille invisible à l'extérieur et très-mal constituée intérieurement; enfin son corps, selon les expressions très-justes de Bélon, « n'ha ny poil, ny écailles, mais est couvert d'un cuir uny, noir, dur et espez, soubz lequel y a du lard environ l'espesseur d'un grand pied. »

Nos lecteurs n'ignorent pas qu'avec les fanons de la baleine, suffisamment amincis, on garnissait autrefois les corsets, robes, parapluies, etc., et que l'huile que donne la fusion de la graisse sert à l'éclairage, au corroyage, etc. Elle est unique pour la préparation de certains tissus.

Malheureusement, elle devient aujourd'hui fort rare, et son prix est très-élevé. La pêche de 1859 a donné 2,078 barils d'huile, celle de 1860, 1,909 barils, et celle de 1861, 1,710. Depuis, elle n'a fait que décroître, et en 1864, plusieurs compagnies formées pour exploiter cette industrie ont fait faillite.

Cela se comprend lorsqu'on réfléchit à la rareté toujours croissante de ces cétacés, qu'autrefois on détruisait par milliers. Ainsi, en 1697, on en prit 1,957 ; de 1719 à 1778, 6,986 ; de 1784 à 1840, les Groënlandais en prirent 858 ; de 1827 à 1830, les Anglais 5,591 ; de 1847 à 1851, on en a tué 6 ; de 1852 à 1854 aucune ; de 1855 à 1856, 3 ; en 1857, on n'en vit même pas ; en 1858, on en captura 4.

En 1857, la France était encore représentée, dans cette pêche, non plus par des centaines de navires comme au seizième siècle, mais par soixante-deux bâtiments, dont quarante-huit sortant du Havre, et dans cette année (1866) la même ville n'en a armé que deux ou trois. Les Américains nous ont succédé et expédient dans l'Océanie de douze à quinze cents navires. Espérons que, secouant cette torpeur, nous reprendrons, dans la grande école des marins, le rang que nous méritons.

Nous ne pouvons mieux terminer ce paragraphe qu'en

indiquant la valeur actuelle des diverses parties de la baleine et en montrant, dans un relevé statistique, le mouvement de ce commerce pendant les dernières années.

BALEINE.		PRIX DU KILOGR.	IMPORTATION		EXPORTATION	
			QUANTITÉ	VALEUR	QUANTITÉ	VALEUR
		fr.	kil.	fr.	kil.	fr.
1863	Huile.	1 18	1,589,257	1,650,525	67,640	76,692
	Fanons bruts.. . .	15 »	127,629	1,427,448	14,900	195,700
	Fanons coupés.. .	15 »	18,870	245,510	»	»
1864	Huile.	1 20	1,955,082	2,519,698	88,826	105,991
	Fanons bruts.. . .	12 »	188,406	2,260,872	27,575	555,849
	Fanons coupés.. .	» »	»	»	»	»

Prix du kilog. en 1826 : Huile, 0 fr. 60. — Fanons bruts, 5 fr. 50. Fanons coupés, 10 fr.

Ajoutons enfin qu'il a été importé au Havre, en 1863, 945 quintaux métriques de *fanons*, valant 1,133,712 fr.; et en 1864, 1771 quintaux métriques, valant 2,124,708 fr.

DE LA BALEINE CONSIDÉRÉE COMME COMESTIBLE

La chair de la baleine est comestible, et même a été autrefois considérée comme un aliment exquis. Ce fut longtemps un mets royal en Angleterre. En 1243, Henri III invitait les shérifs de Londres à fournir à sa table cent pièces de baleine. Au seizième siècle, on en servait aux repas de la comtesse de Leicester, et celles qui étaient capturées dans la Tamise appartenaient de droit au lord-maire, qui les faisait servir dans les festins municipaux.

« La chair de la baleine est grossière et coriace, dit

Martens [1] ; elle ressemble assez à celle du bœuf... La chair
de la queue est la moins dure... on la coupe en gros morceaux et on la fait bouillir... Elle n'est pas à beaucoup
près aussi bonne que celle du bœuf... Les *Français* en
mangent tous les jours.

L'équipage du capitaine. Colnett (1773) se régala du
cœur d'un jeune baleineau.

Les Normands étaient sous ce rapport les grands four-
nisseurs des Anglais, ils avaient diverses recettes pour préparer le cétacé et, le plus ordinairement, servaient les
quartiers de viande bouillis avec des pois.

Le docteur Thiercelin [2] regardait un soir des marins
occupés à fondre le lard d'une baleine tuée dans la journée, fumant tranquillement sa pipe, écoutant ce qui se
disait. « Au milieu des hommes de quart employés à
attiser le feu avec de longs fourgons, à jeter des gratons
dans le brasier pour lui donner une vigueur nouvelle, à
beler l'huile, à jeter de nouveaux morceaux de gras dans
les pots, quelques matelots vaquaient à des travaux moins
importants, au point de vue général, mais auxquels ils
attachaient un grand intérêt personnel. Tout près de moi,
un d'eux, tenant en main un morceau de chair de baleine
débarrassée des filaments de tissu cellulaire qui en au-
raient diminué la qualité comestible, s'occupait à le ha-
cher avec son couteau, sur une planchette qui reposait
sur ses genoux. Cela fait, il le mélangeait à du porc salé,
qu'il avait distrait, à cet effet, de son repas du soir, et se
confectionnait une de ces énormes boulettes qui font les
délices des baleiniers. Un autre, plus avancé dans sa préparation culinaire, en plaçait une, bien saupoudrée de

---

[1] Fréd. Martens. *Voyages au Nord*, t. II.
[2] Thiercelin, *Journal d'un baleinier* (Hachette, édit. ; 2 vol. 1866):

farine et assaisonnée d'ail et de poivre, dans un filet de bitore, et l'attachant au bout d'un manche de harpon, la plongeait dans l'huile bouillante pour la faire frire. Après quelques minutes, la cuisson était complète ; les boulettes sortaient bien rissolées et constituaient alors un plat de hachis dont la couleur provoquait l'appétit, dont l'odeur chatouillait l'odorat, dont la saveur âcre et mordante flattàit le palais de nos marins, comme aurait pu le faire une friture de sole ou un rôti de venaison. J'avais déjà bien des fois mangé de la baleine. Notre cuisinier, artiste habile dans l'art des transformations et des pseudonymes retentissants, nous avait servi souvent des beef-steaks, des roast-beef, voire même du bœuf à la mode dont il avait puisé les matériaux dans le blubber's-room, mais jamais je n'avais goûté la baleine cuite dans l'huile de la cabousse. J'en essayai ce soir-là ; je la trouvai bonne, et je me promis bien d'en manger une autre fois. Seulement j'appris que ces boulettes devaient être mangées au sortir du pot. Qu'on les laisse refroidir si peu que ce soit, et l'huile de la croûte pénètre dans l'intérieur, la saveur devient brûlante et l'estomac le mieux cuirassé contre l'indigestion ne peut les supporter. Je dus donc renoncer à voir ce mets fantaisiste figurer sur la table du carré. »

X

DEUX BALEINIERS

—

FRÉDÉRIC MARTENS — DÉPART DE HAMBOURG — LE SPITZBERG
LES ARMES — LA PÊCHE — LA FONTE — RETOUR

Le 15 avril 1671, vers midi, un petit trois-mâts hambourgeois sortait de l'embouchure de l'Elbe, se dirigeant
vers le pôle Nord. C'était un bâtiment baleinier, baptisé
sous le nom bizarre de *Jonas dans la baleine,* et commandé par Pierre Peterson, de Friseland. A son bord était
en qualité de chirurgien Frédéric Martens, homme très-
intelligent, très-véridique, excellent observateur, qui nous
a laissé une curieuse relation de son voyage. C'est à ce
récit que nous empruntons le fond de ce chapitre, le complétant seulement à l'aide de documents authentiques et
de la même époque.

Le Jonas n'était nullement un prodige de célérité : la
vitesse n'est point la qualité qu'on demande à un vaisseau
baleinier. Ce qu'on veut, c'est qu'il obéisse bien au gouvernail, que ses bordages épais résistent aisément au choc
des glaçons flottants et que le roulis soit doux ; car alors

on pourra manœuvrer dans des parages dangereux et dé-
pecer sans trop de difficulté les baleines amarrées le long
des flancs du bâtiment.

A bord étaient embarqués les munitions et les instruments nécessaires : soixante lances, dix grands harpons,
quarante autres plus petits, trente cordes ayant chacune
80 brasses de long, etc.

On sait que le harpon (fig. 26) se compose de deux parties. Le *fer* est une baguette de métal dont une extrémité
large et creuse ressemble à un entonnoir allongé, tandis
que l'autre extrémité est une sorte de $\wedge$. Les bords exté-
rieurs de ce $\wedge$ sont très-tranchants, tandis que les bords
intérieurs sont épais et droits, de façon qu'une fois entré
dans la chair d'un animal, le fer, retenu par les deux
pointes, ne puisse se détacher. Parfois on donne au fer
une forme différente, mais qui n'est, somme toute, qu'une
modification de la première. Les meilleurs harpons sont
ceux qui n'ont pas été trop trempés et qu'on peut plier
sans les casser. Faute d'un bon harpon, on perd quelquefois 6,000 fr., car tel est le prix qu'on estime une médio-
cre baleine. Dans la partie creuse (ou douille) du fer, on
introduit le *bois* ou manche, qui va en s'amincissant vers
l'autre bout. A peu de distance de la douille, le manche
est percé d'un trou qui sert à consolider la corde attachée
au harpon. Cette corde a 6 ou 7 brasses de long et un pouce
d'épaisseur; on la fait du chanvre le plus fin et le plus
doux, et on ne la goudronne pas, afin qu'elle soit souple
et ne fasse pas dévier l'arme lorsqu'elle est lancée contre
la baleine.

Les *lances* sont trop connues pour que nous les décrivions.

Sur le pont du *Jonas*, on voyait six chaloupes solidement amarrées, et trente ou quarante hommes s'occupaient

de la manœuvre. Le capitaine, le chirurgien, quelques officiers composaient l'état-major : l'équipage se divisait en harponneurs et rameurs : les premiers touchant 40 à 50 florins par mois, et les seconds, 15 à 20.

Dans certains navires, chaque homme reçoit pour tout gage une part des bénéfices; mais presque toujours ils voyagent aux frais d'un armateur qui leur accorde des gages mensuels et une prime pour chaque baleine capturée ou chaque baril de graisse recueilli [1].

Dès que le navire fut en pleine mer, le capitaine (le commandeur) passa en revue son équipage. Le teneur de livres et lui se rendirent dans sa cabine, et dès qu'il eut touché son pot-de-vin et son premier mois de gages, il fit appeler l'un après l'autre tous ceux qui s'étaient engagés.

On conçoit aisément combien la discipline était difficile à maintenir parmi ces hommes, peu habitués à réprimer leurs passions, menant une vie rude et fatigante, soumis à toutes sortes de privations, et parfois séparés par les opinions religieuses, alors si ardentes ; car il ne faut pas oublier qu'on était à la veille des guerres de religion, et que, depuis quinze ans, avaient commencé en France les persécutions contre les protestants.

[1] Voici donc quels étaient les gages mensuels des pêcheurs de baleine, en Allemagne, au dix-septième siècle : Capitaine baleinier, 80 à 100 fl., plus 20 h. 50 sols par KARDEL (291 litres) de graisse ; maître-pilote, 40 à 60 fl., et 13 à 15 sols par k. ; harponneur, 40 à 50 fl., et 12 à 14 sols par k., plus 5 fl. par poisson pour découper le lard ; charpentier, 36 fl. ; chirurgien, 28 fl. ; premier busman, 26 fl. ; cuisinier, 26 fl. ; matelot, 15 à 20 fl. ; pilotes de chaloupes, 2 à 5 fl. par baleine, plus 16 à 20 fl. de pot-de-vin ; rameurs à la poursuite d'une baleine, 5 à 6 fl., par cétacés pris, et 6 à 15 fl. par mois. En outre, le capitaine recevait un pot-de-vin de 100 à 150 fl. Le florin de Hambourg valait 2 fr 10. Par mois, l'armateur d'un navire baleinier de 40 hommes avait donc 837 florins ou 1,755 fr. à payer à l'équipage.

Aussi, pour prévenir tout désordre, la compagnie qui frétait les navires baleiniers faisait-elle signer à chaque homme, avant l'embarquement, un curieux engagement dont voici la traduction :

CONTRAT ENTRE LE COMMANDEUR ET L'ÉQUIPAGE QUI S'ÉTAIENT ENGAGÉS POUR LA PÊCHE DE GROENLAND

« Nous, soussignés, officiers, matelots, etc., nous sommes engagés, à Hambourg, sur le vaisseau *le Jonas dans la Baleine*, dès aujourd'hui,... du mois... de l'an 1671 ; promettant de lui servir dans la navigation, pêche, etc., du Groënland, et à son défaut, en cas de mort ou autres accidents fâcheux, à son successeur, soit à terre, soit à bord du vaisseau, aux conditions ci-après, auxquelles nous nous déclarons soumis.

« 1. Que nous serons tenus d'assister exactement aux dévotions le soir et le matin, à peine d'amende, telle qu'il plaira de l'ordonner par le commandant.

« 2. Que nous serons sages et sobres, évitant l'ivrognerie et toute mutinerie, soit contre nos officiers, soit entre nous, sous peine de perdre la moitié de nos gages.

« 3. Quelqu'un ayant querelle avec un autre, jusqu'à en venir aux coups et le blesser, perdra ses gages et sera puni selon l'exigence du cas.

« 4. Il ne sera permis à qui que ce soit de l'équipage de négocier en rien ce qui concerne la baleine, sous peine de vingt-cinq florins d'amende.

Fig. 26.
Harpon ancien.

« 5. Si le commandeur vient à faire quelques pêches en société, nous promettons de l'assister, sous les peines ci-dessus aux contrevenants.

« 6. Nous promettons de nous contenter de ce qui nous sera donné pour nourriture, par ordre du commandeur, sous les peines ci-dessus.

« 7. Si par un naufrage, long voyage ou autre cas fàcheux, il arrivait que les vivres manquassent, nous serons contents de la distribution de vivres, telle que le commandeur ordonnera nous être faite, sous les peines ci-dessus.

« 8. Nous promettons de ne tenir allumés ni feux, ni chandelles, ni mèches, etc., sans le consentement du commandeur, sous les peines ci-dessus.

« 9. Le commandeur promet et s'engage de satisfaire et récompenser, suivant la coutume du pays d'où est le vaisseau, celui qui souffrira quelque dommage pour la défense du vaisseau.

« 10. Celui qui apprendra ou découvrira quelque mauvais complot contre le vaisseau, etc., sera tenu de le dénoncer, et on le récompensera pour sa fidélité.

« 11. Pour les cas omis ci-dessus, on s'en remettra aux us et coutumes de mer.

« Fait à Hambourg, le... de l'an 1661. »

Revenons à notre voyage.

Le Jonas sortit donc de Gluckstadt le 15 avril. Le 27, il passait en vue de l'île Jean-Mayen. On se rappelle que, le 26 août 1633, la compagnie avait envoyé, pour hiverner dans cette île, sept vigoureux marins. Mais lorsqu'en juin 1634, un navire vint pour les reprendre, on ne trouva que sept cadavres gelés et un lugubre journal qui se ter-

minait au 31 avril, époque où ils n'étaient déjà plus que
quatre hommes, rongés par le scorbut ; ce journal constate
qu'au mois de février, ces parages étaient fréquentés par
une quantité prodigieuse de baleines énormes.

Le Jonas n'atterrit pas à Jean-Mayen et poursuivit sa
route vers le Spitzberg. « Nous voyions tous les jours, dit
Frédéric Martens, plusieurs vaisseaux qui voguaient parmi
les glaces. Je remarquai que passant les uns près des
autres, les marins hélaient l'un sur l'autre, en criant :
Holà! et se demandaient combien de poissons ils avaient
pris ; quelquefois ils exagéraient. Lorsque le vent était si
violent qu'ils ne pouvaient.pas s'entendre, ils faisaient
signe de leurs chapeaux.... Lorsqu'ils ont leur charge de
baleine, ils arborent le grand pavillon pour en donner
connaissance aux autres qui les chargent de leurs com-
missions pour l'Europe. » Ce chargement varie suivant
les navires. Les plus grands portent de 800 à 1,000 *kardels*
(baril usité par les Hambourgeois qui jaugeait 291 litres
environ ; c'est le *quarter* anglais). Les moindres n'en
chargent guère que 400 à 700.

Le 7, on aperçut le Spitzberg. Le 9, on vit un cétacé
que l'on prit tout d'abord pour une baleine. Déjà les chaloupes étaient à la mer et on s'apprêtait à le poursuivre,
lorsqu'on reconnut à la nageoire en forme de croissant
qu'il portait près de la queue que c'était un humpback
(rorqual). Comme ce cétacé est très-difficile à tuer, qu'il
coule au fond de la mer presque de suite, et qu'enfin il
fournit moins de graisse que la baleine franche, on re-
nonça à l'attaquer.

Les jours suivants, *le Jonas* se mit à chercher active-
ment des baleines, s'approchant et s'éloignant alternativement des glaces, en un mot explorant tous ces parages.
Le 14, on vit une baleine qui n'était pas très-loin du vais-

Fig. 27. — Baleinier dans les glaces.

seau. On mit quatre chaloupes à la mer pour tâcher de la prendre, mais elle se jeta sous l'eau, et elle ne se montra plus. Il est rare qu'il en soit ainsi : ordinairement, après être restée quelque temps cachée, elle vient respirer à la surface à peu de distance. Afin d'être prêt à poursuivre le cétacé sans perdre de temps, depuis que le navire était arrivé dans les mers du Spitzberg, on avait suspendu les chaloupes en dehors, le long des bordages. Dans la mâture, il y avait toujours des guetteurs qui cherchaient à découvrir des baleines mortes, flottant sur la mer, car celui qui en signale une reçoit un ducat (douze francs) comme récompense.

Dès qu'une baleine est en vue, « on crie d'abord dans le vaisseau : En bas! en bas! et tout le monde alors se jette dans les chaloupes, chacun dans la sienne. Il y a ordinairement six hommes dans chaque chaloupe, et quelquefois sept. » Jusqu'à ce que l'on soit très-près du cétacé, tout le monde rame, si ce n'est le pilote qui dirige l'embarcation à l'aide d'un grand aviron ; mais alors le harponneur sort du rang des rameurs et se place à l'avant, tandis qu'un autre matelot s'apprête à veiller sur la corde attachée au harpon. On a eu soin de préparer et de ranger dans la chaloupe trois harpons, six lances, des haches, etc.

Le 20, il fit tellement froid que la mer était presque entièrement prise. Il ne faudrait pas croire cependant qu'à cette époque ces régions glacées fussent désertes. Neuf autres navires que notre baleinier rôdaient autour de lui, et, le lendemain, lorsque *le Jonas* entra dans la glace, en compagnie d'un bâtiment hambourgeois, pour aller s'amarrer à une énorme île de glace, Martens compta trente vaisseaux qui étaient attachés ainsi. En pénétrant au milieu des glaciers, nos marins se trouvaient abrités dans une sorte de havre, mais, de leur propre aveu, cette conduite était téméraire, car ils s'exposaient à être entourés et pris entre les bancs.

Le 30 mai, on entendit souffler une baleine. Aussitôt les chaloupes la poursuivirent et lorsqu'à force de rames elles se furent approchées de l'animal, le harponneur se leva, saisit un harpon, fit signe de cesser de ramer, le brandit un instant, et le lança. L'arme meurtrière fendit l'air comme une flèche et vint s'implanter dans le corps du gigantesque cétacé un peu en arrière des ouïes. La baleine aussitôt plongea, emportant avec elle le harpon et sa corde. Elle tirait avec tant de force, que, bien qu'on laissât filer la corde aussi rapidement que possible, le devant de la chaloupe était enfoncé presque au niveau de l'eau. Sur la chaloupe étaient quelques rouleaux de corde, ayant chacun 100 brasses de long. A mesure que la baleine s'enfonçait, on attachait plus de corde, et quand il n'y en eut plus dans l'embarcation, on prit celle des autres. Malgré tout, le bateau était rapidement entraîné au travers des flots et un homme était obligé de mouiller sans cesse le point du bordage où passait la corde dans la crainte que le frottement lui fît prendre feu.

Sur ces entrefaites, les autres chaloupes s'efforçaient de gagner l'endroit où elles présumaient que reparaîtrait la baleine. Cependant le temps se passait, et l'animal ne remontait pas. Étonnés, les marins regardaient de tous côtés, lorsqu'on vit un grand nombre d'oiseaux de mer tournoyer et s'abattre; aussitôt ils se dirigèrent vers ce point et ils la virent lançant par ses évents une double colonne de sang. La mer en était rougie. C'est alors que commençait le vrai danger.

Tandis que la chaloupe amarrée à la baleine halait sur la corde et s'avançait ainsi, mais en restant en arrière, à une distance raisonnable de la queue, les autres chaloupes s'approchaient des flancs jusqu'à les frôler presque, et les harponneurs, à l'aide de leur lance, faisaient au monstre de larges blessures, enfonçant leur arme partout où ils pouvaient, mais s'efforçant surtout d'atteindre les parties vitales. L'animal s'agitait, frappant l'onde de sa queue, soufflant violemment; mais bientôt, épuisé par la perte de son sang, il faiblit; un frisson général s'empara de son corps, ses mouvements convulsifs firent bouillonner la mer, il souleva la tête, son œil chercha la lumière pour la dernière fois, et il mourut.

Les marins poussèrent une exclamation de triomphe. Leur proie flottait, le dos en bas, le ventre à fleur d'eau. On lui coupa la queue, on l'attacha à la poupe d'une des chaloupes qui, toutes, étaient attelées les unes derrière les autres, et on la remorqua jusqu'au *Jonas*.

A la pêche allait succéder un autre genre d'opération, le dépècement. La baleine fut fixée avec des cordes le long du côté gauche (bâbord), du bâtiment, l'endroit où la queue avait été coupée étant à la proue. Sa tête arrivait aux haubans du grand mât, c'est-à-dire au milieu du vaisseau.

Deux chaloupes seulement restèrent à flot, et allèrent se ranger de l'autre côté du cétacé. Dans chacune il y avait un homme qui retenait la chaloupe au navire à l'aide d'un crochet, et un harponneur vêtu d'un habit de cuir et botté; de temps en temps, ces derniers, qui découpaient la graisse à l'aide de couteaux de la longueur d'un homme, grimpaient sur la baleine, se soutenant en enfonçant des coins dans le cuir. Pour faciliter le découpage, on élevait le cétacé à l'aide de poulies suspendues dans le gréement,

Ces harponneurs commencèrent par entamer la peau derrière la tête, près des yeux, et, traçant un cercle autour de l'animal, détachèrent une longue pièce de cuir et de graisse. Dès qu'ils eurent commencé à couper cette bande, ils firent dans la graisse un trou pour l'attacher à une grosse corde qui, passant sur une poulie au-dessous de la grande hune, servait à l'élever jusque sur le pont. Ce premier anneau enlevé, ils coupèrent des tranches dans le sens de la longueur de la baleine. Toutes ces pièces étaient, au fur et à mesure, tirées sur le pont.

Là des matelots les reprenaient et les coupaient en plus petits carrés. Ceux-ci étaient remis à d'autres hommes, assis autour d'une table, qui séparaient la couenne de la graisse.

Enfin un dernier baleinier divisait cette graisse en menus fragments, qu'il jetait dans une rigole de bois, d'où le mousse les faisait glisser dans le fond du bâtiment. Là ils étaient reçus et empilés dans des tonneaux.

Dès qu'une des faces de la baleine fut entièrement dépouillée, on détacha à coups de hache et on hissa la mâchoire supérieure armée de ses fanons, on coupa la langue, puis on fit pivoter l'animal sur lui-même et on continua l'opération.

Ce fut ainsi que *le Jonas* captura sa première baleine et commença son chargement. On en tira, selon Martens, 70 kardels de graisse. Elle sentait mauvais, avant même d'être morte, et une fois tuée, fermenta aussitôt.

« Cette même nuit, Cornelius Seaman perdit son vaisseau dans les glaces, qui l'entourèrent et le brisèrent.

« Le 4 juin au matin, nous fûmes encore à la poursuite d'une baleine, et nous l'approchâmes de si près, que le harponneur l'allait darder, lorsqu'elle s'enfonça sous l'eau, s'y laissant, pour ainsi dire, tomber comme une pierre; elle descendit en commençant par la queue. Ce jour-là nous chassâmes plusieurs fois aux baleines, sans en pouvoir prendre une seule. » ,

Le 13, nos marins voient plus de vingt baleines nageant de compagnie dans les glaces. Ils en prirent une, mâle, qui fournit 65 kardels de graisse.

Le 14, ils dépassèrent les baies de la Madeleine, celle des Hambourgeois, etc.; dans la baie des Anglais, ils chassèrent une baleine. Frappée de trois harpons, blessée de plusieurs coups de lances elle ramassa toutes ses forces pour fuir, plongeant et nageant sans cesse, s'enfonçant fréquemment sous la glace. Enfin les harpons s'étant rompus, ils la perdirent.

La troisième prise eut lieu le 22 juin. Toutes les chaloupes étaient à la poursuite d'une baleine, lorsqu'un harponneur, en voyant près de lui une autre, lui lança son harpon, qui l'atteignit. Elle se sauva vers la glace et s'y débattit longtemps avant de mourir. Les glaces l'avaient si bien environnée que les autres chaloupes, qui avaient dû abandonner la première baleine, ne purent venir au secours du harponneur. Enfin la glace se sépara et laissa le passage libre. La graisse de cet animal remplit 45 tonneaux.

. Le 29, l'équipage recueillit une image de saint Nicolas, flottant sur l'eau. C'était sans doute une épave d'un vaisseau naufragé.

Le 1er juillet, on rencontra deux baleines, mâle et femelle. La femelle harponnée, ne plongea pas, mais nagea toujours à fleur d'eau, faisant voltiger toutes les chaloupes qui, pour retarder sa marche s'étaient attachées les uns aux autres. Un harponneur s'étant approché, reçut sur le dos un coup de queue de la baleine, il tomba sans pouvoir respirer, encore fut-il heureux d'en être quitte à si bon marché. L'équipage d'une autre chaloupe, voulant montrer

qu'il n'avait pas moins de courage que ce harponneur,
s'avança trop, et la barque fut chavirée. Ils furent obligés
de nager assez longtemps dans l'eau glacée.

Les baleines abondaient tellement que, pour ne pas
perdre de temps, on ne fit que couper en gros carrés et
jeter dans un compartiment spécial, la graisse d'une baleine qu'on tua le 2 juillet.

Le 4, une baleine mâle donna aussi 45 kardels de
graisse; le 5, une autre, femelle, en donna aussi 45. Le
même jour on en harponna une, mais la corde s'étant
accrochée sur un rocher dans les tours et les détours que
faisait l'animal, le harpon perdit prise.

Le 6, auprès d'eux, un vaisseau hollandais dépeçait
une baleine, lorsqu'elle creva avec un bruit comparable
à un coup de canon. Il arrive assez fréquemment que les
gaz qui se produisent dans la putréfaction de ces animaux,
les fasse enfler au point de les faire éclater.

Le 9, nouvelle capture, c'était un mâle.

Le 13, *le Jonas* passa près de la carène d'un navire,
englouti sous les eaux, en allant vers l'est. Le 15, il mettait à l'ancre dans le Havre-du-Sud, vis-à-vis Smeerenberg.

Smeeremberg était jadis un comptoir hollandais assez
important. Chaque année des bâtiments amenaient là divers industriels qui séjournaient pendant la saison des
pêches. On y trouvait des cafés, disent les vieux auteurs,
et tout le luxe d'Amsterdam. Le but de cette aggloméra-
tion était surtout de faciliter aux baleiniers la fonte de la
graisse. C'est même de là que vint le nom de ce village
(*Schmer*, graisse). Cette fonte se faisait dans un faubourg,
de l'autre côté du bras de mer, nommé *Harlemer cokery*
(cuisine de Harlem). Déjà, à l'époque où Martens le visita,
cet établissement était en grande décadence : aujourd'hui
il n'en reste plus trace.

Cependant quelques Basques faisaient encore fondre leur graisse en cet endroit, mais la plupart des Français pratiquaient cette opération à bord même de leurs vaisseaux, tandis que les Allemands rapportaient la graisse même dans leur pays.

Cette fonte se faisait dans de vastes chaudières en cuivre. Comme, sous Louis XIII, les Anglais et les Hollandais empêchaient les baleiniers français de descendre à terre, au Spitzberg ou au Groënland, pour transformer leur graisse en huile, ils cherchaient à le faire en pleine mer. François Soupite, de Sibourre (Basses-Pyrénées), eut l'idée de chauffer les fourneaux et chaudières à l'aide des rebuts gras qu'on jetait jusque-là. Grâce à cette heureuse innovation, nos pêcheurs purent réaliser de beaux bénéfices, car, outre que l'huile faite de suite est de qualité supérieure à celle faite avec des graisses rances, leur chargement se trouvait soulagé de mille débris qui encombraient en pure perte les navires hambourgeois.

Frédéric Martens, qui ne connaissait pas le procédé, alors secret, de François Soupite, s'imaginait que les Français emportaient tout un chargement de combustible, et leur reprochait ce chargement inutile. Une observation mieux fondée qu'il oppose à notre méthode ancienne est le danger d'incendie. Nous verrons plus tard comment on obvie aujourd'hui à cet inconvénient.

Le Jonas avait fini sa saison, et bientôt il quitta le Spitzberg. Lorsqu'il partit de Smeeremberg, trente vaisseaux étaient en panne dans le Havre-du-Sud.

Le 22 juillet, il dirigeait sa proue vers l'Europe, et le 29 août, il franchissait l'embouchure de l'Elbe.

Personne n'avait été atteint du scorbut, ce qui n'a rien de bien étonnant s'il est vrai, comme l'affirme Frédéric Martens, que lorsqu'on travaille on ne soit jamais malade : « Les fainéants sont sujets dans ce voyage à être attaqués du scorbut ; mais ceux qui ne craignent ni air, ni vent, et se donnent du mouvement, s'y tirent assez bien d'affaire. »

La campagne avait duré quatre mois et demi, du 15 avril au 29 août, pendant lesquels l'équipage du *Jonas dans la baleine* avait capturé huit baleines et récolté environ 420 kardels ou 121, 447 litres de graisse.

Ainsi que nous l'avons dit, Frédéric Martens estime que les baleines valent, l'une dans l'autre, 6,000 francs. Les huit baleines durent donc rapporter 48,000 francs à l'armateur, qui eut, il est vrai, à payer à l'équipage sur cette somme 7,610 francs de gages et un certain droit proportionnel au nombre des baleines prises et de barils remplis. En défalquant cette somme, qui s'élève à 21,244 francs, il reste un bénéfice de 26,756 francs.

2° AUJOURD'HUI !

DOCTEUR THIERCELIN — DÉPART DU HAVRE — LES ARMES — LA NOUVELLE-CALÉDONIE — LA PÊCHE — LA FONTE — RETOUR

Maintenant, sautons deux siècles. Nous voici au 7 avril 1863. Du Havre sort un navire baleinier, *le Gustave*, capitaine Gilles, appartenant à un jeune et habile armateur de cette ville, M. Émile Bossière.

Le Gustave est un ancien navire baleinier ; il est donc à la voile, mais c'est là un fait qui devient rare, car maintenant la majorité des bâtiments affectés à ce service sont à hélice, ce qui leur permet de poursuivre bien plus aisément les cétacés, puisqu'ils n'ont besoin de tenir compte dans leurs mouvements ni du vent, ni des courants.

Sur *le Gustave* est un médecin, le docteur Thiercelin;

auteur du *Journal d'un baleinier*[1], qui allait expérimenter un procédé de pêche de son invention.

« Aucune habitation à terre ne serait comparable, dit le savant docteur, à une chambre de médecin à bord d'un baleinier. Dans un espace de 8 à 10 mètres cubes, où l'air et la lumière filtrent par grâce, on doit placer un lit, des malles, un lavabo, une glace, une bibliothèque, un coffre à médicaments, un bureau de travail, avec plumes, papier, etc., un fusil, et tout l'attirail d'un chasseur, des chapeaux, des souliers, des bottes, des sabots mêmes; une capote cirée, et par-dessus tout cela, les curiosités qu'on récolte à la mer ou en relâche, un peu ici, un peu là. »

Qu'on juge du soin, du talent même, qu'il fallut à notre médecin pour *arrimer* tout cela !

Le Gustave se dirigeait vers l'hémisphère austral, et non vers le Spitzberg. Il y a longtemps que les mers du Nord sont désertes. A peine quelques navires, tous sortis des bassins de Dundee ou de Peterhead, s'obstinent-ils à fréquenter le détroit de Davis. Encore sont-ils contraints de cumuler : de mars en avril, ils chassent le veau marin au Groënland, et en mai poursuivent la baleine dans le détroit de Davis[2].

Les travaux à faire sur le pont excluent la possibilité des dunettes, roufles, etc. On ne voit de saillants que la capote de l'escalier, la cuisine, le fourneau à fondre le gras, les pirogues de rechange.

---

[1] *Voir* page 179.

[2] En 1862, il y avait dans le détroit de Davis 32 navires : 7 de Dundee (à hélices), 17 de Peterhead (à voiles), 5 d'Aberdeen, 2 de Hull, 1 de Kiokealdy. Ceux de Dundee virent beaucoup de cétacés, mais l'état des glaces ne leur permit pas de les approcher. 3 bâtiments se sont perdus. En 1865, il n'y en avait guère plus qu'une dizaine.

Le navire passe en vue de Madère sans relâcher et dépasse les Canaries. On ne fait rien, on ne voit rien. La seule occupation des voyageurs pendant deux mois fut cette interminable promenade de dix pas en avant et dix pas en arrière, qui les fait ressembler à des fauves en cage, et le 20 juin, *le Gustave* arrivait en vue de Tasmanie.

Mais hélas! on n'avait que faire dans le parage de Van-Diemen, et le navire, au grand regret du docteur, passa outre; aussi le 20 juillet, lorsqu'on mit enfin à l'ancre dans la mer de Corail, à Chesterfield, en pleine Océanie, quelle joie!

C'est parmi les îlots qui composent ce récif, que se trouve l'île des Tortues, où les navires peuvent faire un chargement entier de ces excellents animaux. En face de l'île aux Tortues est l'île aux Oiseaux, couverte pour ainsi dire d'œufs d'oiseaux de mer.

Le Gustave est arrivé à son centre d'opération. C'est dans ces parages, et dans les golfes de la Nouvelle-Calédonie, qu'on pêche la baleine australe.

Les officiers, en quête de cétacés, quittent le bord tous les jours de très-grand matin, dirigés par leur caprice ou par leurs inspirations de chasseurs.

Dans la baie, il y avait neuf navires, dont deux français et les autres anglais ou américains. Chacun envoyait quatre pirogues à la pêche, chacune d'elles montée par un officier, un harponneur, et quatre rameurs. Souvent les capitaines n'emmènent d'Europe ni armes ni harponneurs; ils trouvent à louer les ustensiles et les hommes dans la Nouvelle-Zélande, où sont établis de nombreux matelots déserteurs qui s'engagent pour la saison et fournissent leurs armes.

Chaque bateau est bien fourni de lances, de harpons, et emporte en outre une carabine baleinière et des projectiles.

La lance est encore à peu près telle que du temps de
Frédéric Martens, mais le harpon a été modifié ; la pointe
seule est fixe, les deux ailes tournent au-dessous, de telle
sorte qu'elles puissent se coller contre la tige, tandis que
le harpon pénètre dans la graisse, puis, l'arme introduite,
qu'elles s'écartent comme deux rayons d'un éventail, et
amarrent ainsi le harpon dans le cétacé.

La carabine baleinière est un lourd fusil à canon court
et épais, analogue à un fusil de rempart.

Les projectiles qu'on envoie à l'aide de cette arme diffèrent suivant les nations.

Le plus répandu et le premier inventé est la *bombe-
lance* américaine. Cet engin se compose d'un tube en
fonte aigre de 0^m,30 à 0^m,40 de long sur 0^m,02 ou 0^m,03
de diamètre. Ce tube est rempli de poudre de chasse dont
il peut contenir 100 grammes. Il se termine en haut par
une pyramide triangulaire, à faces évidées avec angles et
pointe très-aiguë. Le bas se joint, au moyen d'une vis, à
un tube plus étroit renfermant une mèche, dont une extrémité plonge dans la poudre et l'autre dépasse du projectile et communique avec la poudre dont on a chargé le
fusil. Lorsqu'on lâche la détente, celle-ci met le feu à la
mèche, en même temps qu'elle projette la balle qui va
éclater dans le corps de l'animal.

Plus tard M. Devisme eut l'idée d'appliquer la *balle
explosible*, qu'il avait inventée pour la chasse des fauves,
à la pêche de la baleine. La balle explosible ne peut servir que dans des armes rayées, c'est-à-dire dans l'intérieur
desquelles sont des sillons en hélice. Qu'on imagine un
tube de cuivre terminé par un cône d'acier et fermé par
une vis. Le cône est percé depuis la pointe jusqu'au tube
(fig. 28). Sur cette ouverture, on met une capsule ; on em-
plit la balle de poudre, et, lorsque le projectile touche

une surface résistante, comme la peau d'un grand animal, la percussion fait éclater la capsule, qui communique le feu à la poudre, et la bombe se déchire dans le corps. Celles qui sont assez grosses pour tuer une baleine coûtent 12 fr. et contiennent 4 grammes de poudre.

Mais, comme on le voit, dans ces deux projectiles, on ne s'est inquiété que de tuer la baleine, une fois qu'elle est harponnée. Aussi M. Devisme eut-il l'idée de compléter son invention en combinant ensemble le harpon et la bombe (fig. 29). Dans une note qu'a bien voulu rédiger tout exprès pour nous notre habile arquebusier, il décrit ainsi son projectile : « La balle-harpon est aussi une balle explosible : elle porte *deux ailettes* noyées dans l'épaisseur de la balle ; ces deux ailettes s'ouvrent au moment de l'explosion dans le corps de l'animal, ce qui forme *harpon*. Cette balle porte une corde, attachée à une *queue* percée, placée à la partie postérieure, et qui est, de l'autre bout, enroulée dans l'embarcation, de manière à se dérouler avec la vitesse nécessaire. Les effets de ces balles sont terribles.

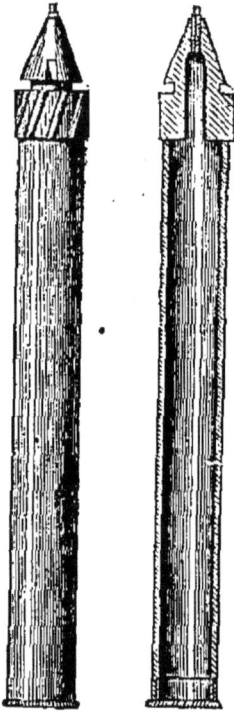

Fig. 28. Balle explosible.

Chargées avec la poudre ordinaire, elles n'offrent aucun danger dans le transport ou dans l'usage ; on peut aussi les charger avec des poudres fulminantes ; mais, bien que l'explosion soit plus forte avec cette dernière, il n'y a pas d'avantages et il y a toujours danger. »

Ajoutons qu'une tige d'acier rattache directement les *ailettes* et la *queue*.

Malheureusement, si les balles explosibles, quelles qu'elles soient, tuent à coup sûr la baleine, du moins cette mort n'a pas toujours lieu immédiatement ; on a essayé sans succès l'acide prussique. Le docteur Thierce-

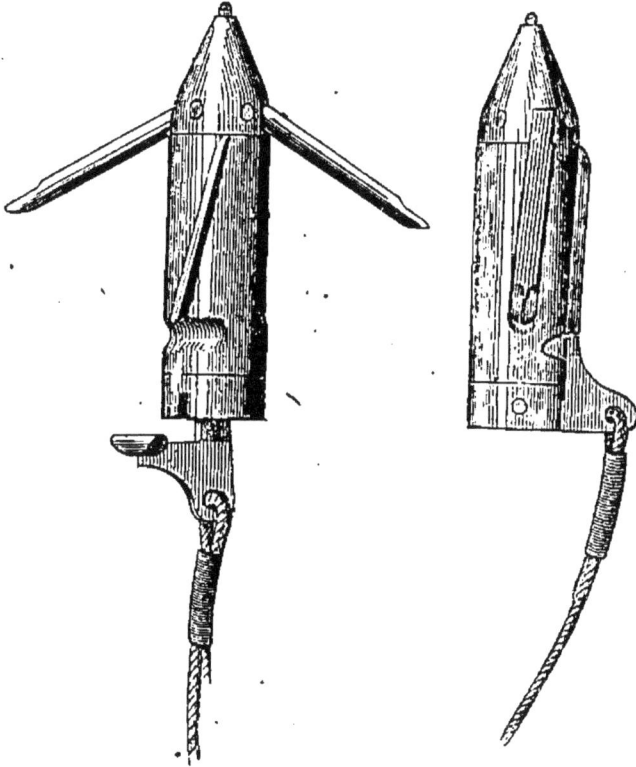

Fig. 29. — Balle-harpon.

lin découvrit, aidé des conseils de M. Wurtz, une substance toxique d'une puissance telle, qu'il suffit de 40 grammes noyés dans la poudre de la balle pour foudroyer les plus grosses baleines. C'était ce procédé qu'il voulait expérimenter.

Très-souvent, le matin, alors que les baleines femelles regagnent la haute mer, après avoir mis au monde leurs petits dans les anses tranquilles, les officiers restés à bord du *Gustave* voyaient l'une d'entre elles capturée par des baleiniers; mais la chance était contre eux, et ces baleiniers n'étaient jamais les leurs.

Plusieurs fois ils piquèrent des baleines, mais toujours elles échappèrent.

A la fin, les capitaines du *Gustave* et du *Winslow*, agacés de ces échecs incessants, se décidèrent à aller tenter le sort dans d'autres parages et remirent à la voile. Ils se dirigeaient vers le récif de Lihou; mais trompés dans leurs espérances, ils durent revenir à Chesterfield. Ceux de nos lecteurs qui seraient curieux de connaître tous les détails de ces voyages n'ont qu'à recourir à l'ouvrage du docteur Thiercelin : ils nous sauront gré certainement de le leur avoir indiqué.

A Chesterfield, *le Gustave* fut, cette fois, un peu moins malheureux.

Une première baleine fut amarrée ; on lui tira trois coups de fusils, dont un seul porta ; par malheur, la bombe n'était pas empoisonnée : le cétacé regagna la passe, et on dut couper la ligne.

Après une dizaine de tentatives malheureuses, dans lesquelles on n'osa envoyer tout d'abord des balles ou des bombes, on harponna une baleine. L'animal était encore plein de vigueur, lorsqu'il fut atteint par une balle empoisonnée : cinq minutes après, il mourait.

Un jour, le second capitaine du *Winslow* s'était amarré sur une nouvelle baleine, contre laquelle les officiers des deux navires avaient tiré vainement plusieurs bombes-lances. Tous les projectiles portaient trop haut ou trop bas. On finit même par renoncer à l'emploi des fusils, et on la tua à coups de lance. Mais tandis que les bombes manquaient ainsi le but vers lequel elles étaient dirigées, l'une d'elles pénétra par hasard dans le ventre d'une compagne de la baleine attaquée. Dans les conditions ordinaires, la blessure eût été peu dangereuse ; mais la bombe étant empoisonnée, en quelques minutes l'animal périt.

Telle est la force de la routine, qu'on était obligé de cacher aux matelots que les balles étaient différentes de celles dont ils se servaient habituellement, sans quoi ils eussent refusé de procéder au dépècement.

A la fin de septembre, *le Gustave* reprit le large pour tenter fortune sur la côte d'Australie, en attendant la saison de la Nouvelle-Zélande, emportant à son bord le peu d'huile qu'il avait pu recueillir.

Les anciens pêcheurs du Nord dépeçaient la baleine par longues bandes ; aujourd'hui on emploie un procédé bien plus ingénieux et plus rapide. Il consiste à découper une lanière de graisse qui va de la tête à la queue, en hélice, comme la pelure d'une pomme. On sape, à l'aide de *louchet* ou pelles tranchantes, un des côtés de la lèvre inférieure, qu'on enlève ; puis la langue, puis l'autre moitié de la lèvre, puis la mâchoire supérieure et ses fanons. Enfin on commence à couper un ruban épais de graisse et de peau, qu'on continue de détacher à mesure qu'il est soulevé et attiré sur le pont, on dévide pour ainsi dire la baleine, faisant tourner le corps sur lui-même, comme la mercière fait pivoter le cylindre en bois sur lequel le fil est enroulé.

A l'aide d'un heureux perfectionnement, on a rendu très-peu dangereux l'usage du fourneau ou *cabousse* pour fondre le gras à bord. Cette importante innovation consiste en ce que la base du fourneau moderne ne repose plus directement sur le pont, mais en est séparée par un vide où circule constamment de l'eau, dont l'évaporation maintient les parties inférieures à une température constante inférieure à 100° et les empêche ainsi de s'enflammer.

Lorsque le fourneau était construit sur le plancher, celui-ci s'échauffait, charbonnait et finissait par céder et s'effondrer, laissant le feu et l'huile tomber pêle-mêle dans l'entre-pont. On comprend combien de sinistres résultaient de ce procédé.

Quand on pêche la baleine *humback*, comme elle ne fournit que peu d'huile, on retire avec soin tout ce qu'on peut de la graisse qui recouvre les organes internes, et surtout les épiploons (partie du péritoine), les reins, etc. pourquoi n'en fait-on pas autant avec la baleine franche?

Nos voyageurs, après avoir séjourné quelque temps à Chatam, arrivèrent le 28 janvier 1864 dans la Nouvelle-Zélande. Là, *le Gustave* perdit son capitaine, M. Gilles, emporté par une maladie qui le minait depuis longtemps.

Le docteur Thiercelin et un officier, M. Vompré, prirent le commandement et menèrent le navire à Taïti; là un nouveau capitaine se chargea du commandement et de continuer la pêche, tandis que le docteur revenait en France, où il débarquait il y a une année, heureux à juste titre du succès de son système.

LA LICORNE DE MER

LE NARWAL — DESCRIPTION — SA DENT

La *licorne de mer*, ou *narwal*, est un grand cétacé qui mesure souvent 8 à 9 mètres de long et qu'on ne rencontre que dans les mers froides.

Comme la baleine, le narwal respire par des évents, mais, au lieu d'avoir des orifices séparés, ses évents se réunissent de manière à ne laisser voir qu'une seule ouverture. Pour faciliter son séjour sous l'eau, un opercule frangé et mobile la ferme lorsqu'il le veut.

Ce cétacé a le ventre blanc, le dos gris pommelé ou noirâtre ; nous reviendrons tout à l'heure sur sa force et son agilité, qui sont grandes, mais ce qui le rend remarquable, ce qui nous a porté à en parler parmi les monstres marins, c'est sa denture.

Il n'est personne, en effet, qui n'ait entendu parler de la dent du narwal, qui jadis passait pour la corne de l'animal fabuleux nommé licorne.

Cette dent atteint parfois 2 mètres 1/2 de longueur ; elle est grosse à la base comme la cuisse et va en s'effilant jusqu'à l'extrémité. L'ivoire en est très-beau et très-blanc et contourné en spirale. La base est creuse.

· Wormius raconte que le roi de Danemark voulant faire présent d'un morceau de défense de narwal, chargea son grand maître d'en couper un bout à la partie inférieure d'un exemplaire entier qu'il possédait. Le grand maitre obéit; « ayant scié une partie de cette corne qu'il croyait solide, il rencontra une concavité, et fust estonné de voir dans cette concavité une petite corne, de mesme figure, et de mesme matière, que la grande. Il continua de scier la grande tout autour, sans toucher à la petite; et trouva que la petite estait advancée, de mesme que la concavité, dans la grande, environ un pied, et que le reste de la grande estait solide. »

Ces dents, grâce aux idées superstitieuses de nos aïeux, faisaient l'objet d'un trafic assez important, et lorsque l'évêque de Groënland, Arnaud, fit naufrage sur les côtes de Norwége, en 1126, on en trouva beaucoup parmi les épaves.

Le mâle seul possède cette arme redoutable et la femelle ne laisse ordinairement voir que deux dents de très-petites dimensions et incapables de lui servir à combattre les autres animaux; cependant Scoresling en prit une qui avait une défense de 5 pieds de long. Mais ce fait est exceptionnel.

POURQUOI IL N'A QU'UNE DENT — LOI DU BALANCEMENT DES ORGANES

Aucun animal n'a une dent unique en avant de la bouche : ces organes sont toujours en nombre pair. Aussi paraît-il bien étonnant que le narwal n'ait qu'une dent; il semble qu'il devrait en avoir au moins deux.

Ces réflexions sont très-justes et l'observation les con-

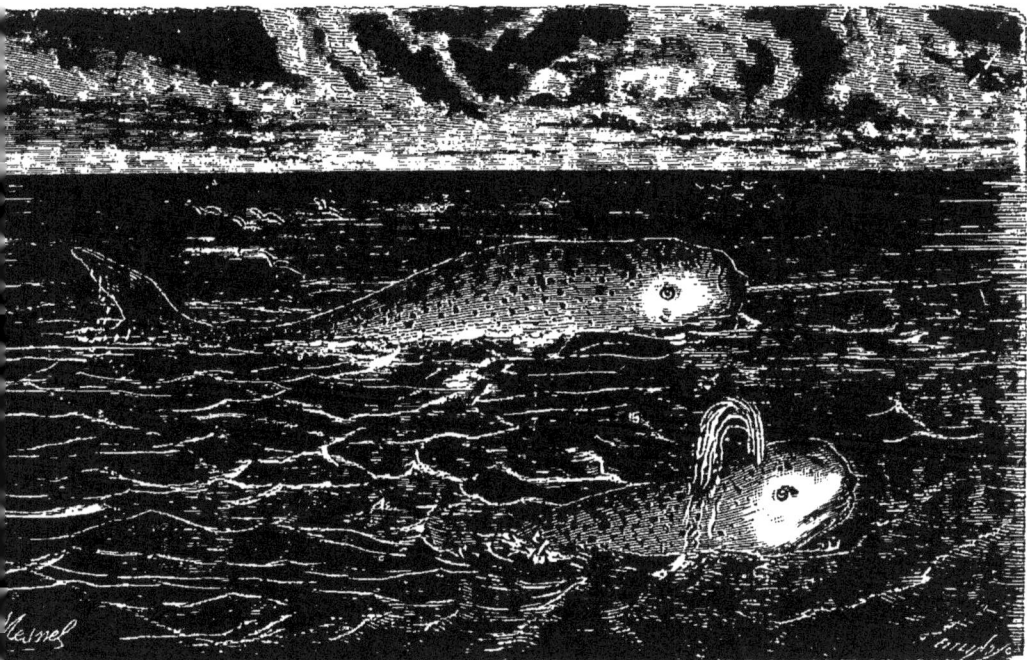

Fig. 30. — Narwals mâle et femelle.

firme : le narwal a deux dents implantées sur la partie la plus externe de la mâchoire supérieure. Seulement, une seule grandit et grossit prodigieusement, et l'autre reste bien plus courte, ou même s'atrophie complétement, ce qui s'explique aisément par la loi de balancement des organes.

Étienne Geoffroy Saint-Hilaire a démontré qu'une partie quelconque d'un être vivant ne saurait prendre un grand développement sans qu'une ou plusieurs autres parties diminuent de volume et même disparaissent.

« Afin de dépenser d'un côté, disait Gœthe, la nature est forcée d'économiser de l'autre. »

Ainsi, les pattes des serpents avortant, le corps se prolonge considérablement ; tandis que chez les lézards et autres reptiles pourvus de pattes, le corps est proportionnellement bien plus trapu.

Lorsque les têtards se transforment en grenouilles, les pattes s'allongent à mesure que la queue diminue.

« Quand les membres postérieurs, dit M. Charles Martins, se développent outre mesure, comme dans les kanguroos, les gerboises, les helamys ou lièvres sauteurs, les membres antérieurs deviennent si petits qu'ils n'atteignent plus le sol ; l'animal saute sur ses pattes de derrière, et au repos s'appuie sur sa queue. »

Il est donc tout naturel que lorsqu'une des dents devient aussi démesurée que chez le narwal, celle qui lui fait pendant disparaisse.

MŒURS DU NARWAL — SES COMBATS CONTRE LA BALEINE

Voici donc une étrange bête qui a la forme d'un marsouin et une dent, une dent unique, grosse comme une vergue, longue de 2 mètres et aiguë comme une épée.

Il semblerait, à le voir si bien armé, que ce doit être un animal terrible, tuant et dévorant tout ce qu'il rencontre. Il n'en est rien pourtant, car sa bouche est petite et fort mal disposée pour la mastication.

Les narwals se nourrissent de mollusques et de petits poissons[1]; ils vivent en troupes nombreuses, jouant, nageant avec lenteur.

Lorsqu'ils sont isolés, au contraire, leur vitesse est incroyable.

On ne les prendrait même que très-difficilement, sans les habitudes qu'ils ont de se réfugier dans les anses ou de voyager par légions. Les barques peuvent alors s'approcher avec précaution de leurs longues files. Ils se serrent, se pressent les uns contre les autres, paralysant mutuel-

---

[1] Scoresby a écrit sur ce sujet un passage qui mérite d'être rapporté : « Mon père, dit-il, m'envoya le contenu de l'estomac d'un narwal tué à quelques lieues de nous, et qui me parut tout extraordinaire ; il consistait en quelques poissons à demi digérés, avec d'autres dont il ne restait que les arêtes. Outre les becs et d'autres débris de *sèches* qui semblent constituer le fond général de sa nourriture, il y avait une partie de l'épine d'un *gade*, espèce de morue ; des fragments de l'épine d'un *pleuronecte*, probablement un petit turbot ; la colonne vertébrale d'une *raie*, avec une autre raie du même genre, évidemment la *raie batys*, presque entière ; cette dernière avait 2 pieds anglais et 3 pouces de long, et 1 pied 8 pouces de large ; elle comprenait les os de la tête, du dos et de la queue, les nageoires latérales, les yeux et une partie considérable de la substance musculaire. Il paraît remarquable que le narwal, animal dépourvu de dents, ayant une petite bouche, des lèvres non flexibles, et une langue qui ne semble pas pouvoir sortir de sa bouche, soit capable de saisir et d'avaler un si grand poisson, dont la largeur est trois fois aussi grande que celle de sa propre bouche... Il semble probable que la raie avait été percée avec la défense et tuée avant d'être dévorée, autrement il serait difficile d'imaginer comment le narwal a pu le saisir, ou comment un poisson de quelque activité a pu se laisser prendre et avaler par un animal à lèvres lisses, sans dents pour l'attraper et sans aucun moyen pour le retenir. » (*Magasin pittoresque.*)

lement les mouvements de leurs nageoires, s'embarrassant
dans les défenses de leurs voisins, levant la tête en l'air.
Ils ne peuvent ni fuir, ni combattre, et meurent sans défense sous les lances des baleiniers.

Les Groëlandais mangent leur chair; leur graisse donne
un excellent succédané de l'huile de baleine et leurs dents
un précieux ivoire.

Au seizième siècle, il se faisait des armes, des couteaux,
des épées, avec des dents de narwal aiguisées sur une
pierre.

Scoresby, pendant son voyage au Groënland, rencontra
un jour une troupe de narwals, divisée par bandes de
quinze à vingt. Les mâles étaient plus nombreux que les
femelles. Gais, ils élevaient leurs défenses au-dessus de
l'eau, les croisaient, produisaient un bruit semblable au
glouglou de l'eau dans la gorge et suivaient le navire en
s'amusant avec le gouvernail.

Il paraîtrait cependant qu'ils ne sont pas tous les jours
aussi bien disposés et que parfois ils attaquent et trans-
percent la baleine elle-même ; des voyageurs disent même
que prenant la carène du bâtiment pour le roi des cétacés,
on en a vu s'élancer contre des vaisseaux avec une vitesse
et une force prodigieuses ; leur défense traversant les bordages, occasionnerait une grave voie d'eau si elle ne bou-
chait elle-même le trou qu'elle a fait.

Si le narwal frappe latéralement la coque, grâce à la
marche du navire, l'ivoire casse près du bord ; mais s'il
attaque l'arrière, il se trouve remorqué, cloué, jusqu'à ce
qu'il meure et tombe en décomposition, au grand ennui
des marins, qui voient la rapidité de leur course considérablement entravée, sans qu'ils en tirent aucun profit.

La Martinière raconte une pêche au narwal dont il fut
témoin. « Au bout de trois fois vingt-quatre heures que

nous avions été sans rien prendre, dit-il, nous vismes venir deux gros poissons, dont l'un avait une corne d'assez
belle longueur, que nos pêcheurs se mirent en estat de
prendre, et l'ayant approché d'un jet de pierre loin, nos
harponneurs lui jettèrent leurs harpons, les uns d'un
costé, les autres de l'autre, laschant les cordes à quoy il estaient attachés, se retirant en diligence, comme voyé sur
la figure suivante (fig. 51).

Fig. 51. — Pêche au narwal. (Fac-simile d'une gravure
de la Martinière.)

« Ayans atteints nostre bord, voyans que le poisson allait
sur l'eau, qui est la marque de sa faiblesse, ils le tirèrent petit à petit, par les cordes, qui estaient aux harpons : ce qu'il souffrit sans se débattre, n'en ayant pas la
force, pour avoir perdu tout son sang ; et les couperets
faisant leur office, luy coupèrent la teste, que nous gardâ-
mes, et le reste fut jetté en mer, n'étant propre ny à man-

ger, ny à faire de l'huile : la pesche de ce poisson ne se faisant que pour avoir les dents...

« Une chaloupe ayant approché de trop prest de l'autre poisson, en luy jettant le harpon, se sentant blessé, donna un si grand coup de sa queue contre la chaloupe en se débattant, qu'il la renversa et les autres ne peurent si bien faire pour les aller secourir, qu'il n'y en eut deux de noyez ; ce qui nous fâcha fort ; le poisson fut pris... Il n'avait pas de corne ; mais en récompense ses dents estaient beaucoup plus grosses[1]. »

En 1843, le Muséum acquit un magnifique squelette de narwal, muni de sa dent, qui est aujourd'hui exposé au public dans les galeries d'anatomie comparée. Il suffit de considérer ces restes pour comprendre quelles devaient être l'agilité et la force de l'animal vivant. Ce corps élancé, flexible, semble combiné exprès pour la natation. On voit très-bien les traces de l'une des dents, avortée, et la manière dont l'autre est enchâssée dans son alvéole.

LA LICORNE — SUPERSTITIONS CONCERNANT LE NARWAL

Bien longtemps avant que le narwal fût connu, sa dent se trouvait dans le commerce sous le nom de corne de licorne ou unicorne.

Ce dernier nom s'appliquait, suivant les auteurs anciens, à plusieurs sortes d'animaux, tels que l'*oryx*, l'*âne des Indes*, le *monocéros*, qui tous sont terrestres et habitent le Midi. Le premier, Bertholin, auteur danois, parle de la *licorne de mer*, dans son *Traité des licornes*.

C'est donc sous ce nom que se vendirent longtemps les dents de narwal que fournissait en abondance le Groen-

---

[1] De la Martinière, *Voyages des pays septentrionaux*, 1682, p. 260.

land. L'abbaye de Saint-Denis en possédait une paire célèbre pour leurs dimensions et leur beauté et qui appartiennent aujourd'hui au musée de la Faculté de médecine
de Paris. La plus grande a 2ᵐ,25 de longueur et 0ᵐ,48
de circonférence à la base. Il en existait une plus grande
encore à Frédéricsbourg, dans le trésor du roi de Danemark.

Nos aïeux attribuaient à cet ivoire de mystérieuses cor-
rélations avec les poisons, en vertu desquelles, non-seulement il était l'antidote souverain, infaillible, de tout
toxique, mais encore l'agent puissant et admirable dont
la seule présence enlève aux substances vénéneuses toute
propriété malfaisante et réduit à néant toute criminelle
tentative d'empoisonnement.

Le savant et fin créateur de la chirurgie moderne, Ambroise Paré, raconte une conversation qu'il eut, au sujet
de cette substance, avec Chapelain, premier médecin de
Charles IX. « Un jour luy parlant du grand abus qui se
commettait en usant de la corne de licorne, dit-il, le
priay, veu l'autorité qu'il avait à l'endroit de la personne
du roy nostre maistre pour son grand savoir et expérience,
d'en vouloir oster l'usage, et principalement ceste coutume qu'on avait de laisser tremper un morceau de licorne dans la coupe où le roy beuvait, craignant le poison. Il me fit réponse que quant à luy véritablement il ne
cognoissait aucune vertu en la corne de licorne : mais
qu'il voyait l'opinion qu'on avait d'icelles estre tant invé-
térée et enracinée au cerveau des princes et du peuple,
qu'ores qu'il l'eust volontiers ostée, il croyait bien que
par raison n'en pouvoit estre maistre. » Ambroise Paré,
insistant, l'engagea au moins à écrire sur cette matière;
mais le prudent Chapelain s'y refusa, disant qu'un réfu-
teur lui paraissait semblable au hibou qui se montre au

jour : les autres oiseaux courent sus et le tuent ; puis, lui mort, n'y pensent plus. Plus hardi, Paré n'hésita pas à combattre ouvertement une sotte superstition, et le fit si habilement, qu'à dater de cette époque personne n'osa plus avouer sa foi secrète en la vertu de la licorne comme contre-poison [1].

On faisait avec ces dents divers objets tournés. Telle est la belle canne incrustée de nacre qu'on montre aux visiteurs à la Bibliothèque de Versailles.

Ce fut Wormius qui démontra le premier leur véritable origine.

« Il y a quelques années, écrivait-il à la Peyrère, qu'étant chez M. Fris, grand chancelier de Danemark, prédécesseur de Mgr Thomasson, qui l'est à présent, je me plaignis à ce grand homme, l'ornement et le soutien de sa patrie lorsqu'il vivait, du peu de curiosité de nos marchands et mariniers qui vont au Groënland, de ne pas s'informer quels sont les animaux dont ils nous apportent tant de cornes ; et de n'avoir pas pris quelques pièces de leur chair, ou de leur peau, pour en avoir quelque connaissance. — Ils sont plus curieux que vous ne pensez, me répondit M. le chancelier ; et il me fit apporter sur l'heure même un grand crâne sec, où était attaché un tronçon de cette sorte de corne, long de 4 pieds. J'eus bien de la joie de tenir une chose si rare et si précieuse... Je trouvai que ce crâne ressemblait proprement à celui d'une *tête de baleine ;* qu'il avait deux trous au sommet, et que ces trous perçaient dans le palais : que c'étaient sans doute les deux tuyaux par lesquels cette tête rejetait l'eau qu'elle buvait. Et je remarquai que ce qu'on appelait la corne était fiché à la partie gauche de la mâchoire

---

[1] Ambroise Paré. *OEuvres complètes* (édit. de 1664), p. 808.

supérieure... Ayant eu avis qu'un semblable animal avait été porté et pris en Islande, j'écrivis à l'évêque de Hole, nommé Thorlac Scalonius, qui a été mon disciple à Copenhague, et le priai, comme mon ami, de m'envoyer le portrait de cette bête ; ce qu'il fit et me manda que les Islandais l'appelaient *narualh*, comme qui dirait : *baleine qui se nourrit de cadavres* ; parce que *hualh* signifie une baleine, et que *nar* signifie un cadavre [1]... »

Plus tard, en 1671, Frédéric Martens donna du narwal une assez bonne description.

Toutes les erreurs sur cet animal étaient du reste soigneusement entretenues par la compagnie du Groënland qui avait en quelque sorte le monopole du commerce des terres arctiques. Ces commerçants savaient bien que l'obscurité qui entourait l'origine de ces dents en rehaussait le prix. L'anecdote suivante en fait foi.

En 1656, deux navires envoyés par la compagnie dans le détroit de Davis, achetèrent des naturels plusieurs fragments de dents de narwal, qu'ils rapportèrent à Copenhague.

Quelque temps après, un des associés de la compagnie se rend en Russie, va trouver le czar (c'était alors Alexis Michaelovitz, père de l'illustre Pierre le Grand), et offre de lui vendre ses dents de narwal.

C'était, disait-il, des cornes provenant directement de la *licorne*, de cet animal dont parle l'Écriture sainte, qu'Aristote et Pline ont décrit et dont nul ne saurait, sans être accusé d'impiété, révoquer en doute l'existence.

Alexis crut sans difficulté ce que lui disait le marchand et admira beaucoup ces prétendues cornes, surtout un énorme morceau qu'on a depuis estimé six mille rixda-

---

[1] La Peyrère, *Relat. du Groënland* (1716), p. 102.

les[1], et il était sur le point de les acheter lorsque l'idée lui vint de les faire auparavant examiner par son médecin.

Celui-ci était un homme instruit, qui ne s'en laissa point aussi aisément imposer que son souverain, étudia attentivement les objets qui lui étaient présentés et reconnut que c'étaient, non des cornes, mais des dents.

Le czar rompit le marché, et l'envoyé déconcerté revint à Copenhague sans avoir rien vendu.

Comme il rendait compte de son voyage à ses associés, il jeta toute la cause de son malheur sur ce méchant médecin « qui s'était plu à décrier sa marchandise, disant que tout ce qu'il portait n'était que des dents de poisson. — Maladroit, repartit un des associés, que n'avez-vous donné deux ou trois cents ducats à ce médecin : il eût vu des cornes de licorne ! »

---

[1] Environ 346,800 francs.

XII

LES DAUPHINS

COMMENT SONT FAITS LES DAUPHINS — MŒURS DES DAUPHINS

Des nautoniers ont gravement offensé Bacchus qui s'était présenté à eux sous la forme d'un enfant, et qu'ils ont saisi et emmené de force. Le dieu veut se venger ; il reprend sa figure divine, à ses côtés il évoque des panthères, des tigres, des spectres terribles ; entre ses mains apparaît son thyrse orné de pampres. Il le brandit, et les cordages et les voiles se couvrent de vignes. Les marins se précipitent dans l'onde, emportés par le vertige et la peur. Aussitôt ils se métamorphosent. Médon est le premier dont le corps commence à prendre des nageoires et à se recourber en arc ; Lycobas ne tarde pas à être également transformé. Libys s'efforce de retourner la rame, mais il voit ses mains se rétrécir et se changer en nageoires. Un autre veut saisir les câbles enlacés par le lierre, mais il n'a plus de bras ; il tombe au fond de la mer, et son corps se cambre et se termine en une queue pareille à une serpe ou au croissant de la lune. De tous côtés ils bondissent et font rejaillir l'eau ; ils plongent et remontent tour à tour ; ils nagent en troupe, se livrent à mille jeux et par leurs larges naseaux, rejettent deux gerbes liquides.

Tel fut, selon Ovide, l'origine des dauphins. Mais aujourd'hui, les fables de la mythologie gréco-latine nous trouvent bien incrédules.

Le dauphin commun (*delphinus delphis*), est un mammifère aquatique, un cétacé, qu'on rencontre dans toutes les mers. Sa taille est assez petite (3 ou 4 mètres), sa tête arrondie, son museau est proéminent et forme comme un *bec d'oie* ou *de cygne*. Sa forme générale ne manque point de grâce ; il est élancé, mince ; sa queue est très-flexible, très-mobile et bien fendue.

Ses mâchoires sont garnies de dents pointues espacées de telle sorte que lorsque la bouche est fermée, les dents qui en garnissent la partie inférieure se placent entre celles qui sont implantées dans la gencive supérieure. L'œil laisse voir, sur un fond d'un jaune doré (comme chez le chat, l'ours et le lion), une prunelle noire qui a un peu la forme d'un cœur.

Ainsi que tous les cétacés, le dauphin respire par des évents situés au sommet de la tête, au-dessus des yeux. A l'orifice, ses deux conduits respiratoires s'unissent et l'ouverture qui en résulte est un croissant dont les pointes sont tournées vers le museau. Lorsqu'il lance son souffle avec force, il produit un son, un mugissement particulier. Son oreille, parfaitement conformée, lui permet d'ailleurs de saisir les moindres bruits.

Il nage avec une grande célérité, et Bernardin de Saint-Pierre raconte que, pendant son voyage à l'île de France, il vit un dauphin caracoler autour du vaisseau, pendant que le bâtiment faisait un myriamètre à l'heure.

La fréquence de ces évolutions a souvent été signalée ;

il semble que le repos lui soit inconnu ; sans cesse il tourne, nage, bondit, plonge, court en avant des navires, revient sur ses pas et semble se livrer à mille jeux turbulents.

Pour sauter, le dauphin recourbe son corps avec force, prenant la forme d'un **∽**, bandant sa queue comme un arc très-grand et très-puissant, et la détendant ensuite ; puis, tout d'un coup, il se donne un élan, une impulsion qui le fait jaillir à plusieurs mètres au-dessus de l'eau et franchir comme une flèche un assez grand espace.

Le dauphin est un animal carnassier et même d'une grande voracité ; s'il nage autour des navires, c'est uniquement afin de se repaître des déjections, des détritus, des débris de toutes sortes qu'on jette dans l'eau. Peureux, il n'ose attaquer l'homme, mais c'est à sa lâcheté seule que nous en sommes redevables.

Comparé au requin, en compagnie duquel il se trouve souvent, il peut sembler doux au voyageur qu'effraye le terrible squale. Sans doute, c'est là l'origine de toutes les légendes que nous ont laissées les Grecs sur sa philanthropie ; le voyant suivre le bâtiment, et ne cherchant pas à approfondir les motifs qui pouvaient le porter à agir ainsi, des marins auront cru qu'il les accompagnait uniquement par un instinct de sociabilité. Il est peu probable que la musique ait tellement de charmes pour son oreille, qu'il s'arrête, captivé, pour écouter les chants des femmes et les sons de la harpe. Tout au plus les musiciens ont-ils pu attirer des dauphins, en signalant, par l'éclat de leur voix ou le bruit de leurs instruments, le navire qui les portait à l'attention de quelques cétacés qui ne l'avaient pas encore aperçu.

Semblables aux loups sur la terre, les dauphins chassent en meute dans l'eau. Pendant des journées entières, des troupes vagabondes poursuivent les vaisseaux, les croisent, les dépassent, plongent sous la quille, disparaissent et reviennent pour recommencer leurs jeux.

DES DIVERSES ESPÈCES DE DAUPHIN — LE DAUPHIN VULGAIRE

Parlons maintenant des diverses espèces de dauphins.

La plus commune a le dos noir, le ventre blanc nacré. Nous avons décrit la forme de sa tête, qui lui a valu le surnom vulgaire de *bec-d'oie* (*delphinus delphis*). Elle est garnie de quatre-vingt-dix à cent dents à chaque mâchoire.

Les becs-d'oie vont en groupe de cinq ou six individus, rarement plus. Cependant on en a vu d'une vingtaine.

On les pêche à la ligne. Audubon assure que lorsque l'un d'eux s'est laissé prendre à l'appât et s'est accroché à l'hameçon, tous ses compagnons s'approchent et l'entourent, jusqu'à ce qu'on l'ait enlevé sur le pont[1]. Alors ils s'éloignent ensemble, et aucun ne veut plus mordre, quelque chose qu'on lui jette.

Cependant cela n'a lieu que lorsqu'il s'agit de gros individus rusés et méfiants; ils se tiennent à part des jeunes, comme on l'observe dans plusieurs espèces d'oiseaux. Au contraire, si on a affaire à une troupe de jeunes, ils resteront tous sous l'avant du vaisseau, et continueront de mordre, l'un après l'autre, comme empressés de voir par eux-mêmes ce qu'est devenu leur camarade, et de cette manière ils sont tous capturés.

---

[1] Pline dit qu'un dauphin ayant été pris par le roi de Carie et enchaîné dans le port, les autres vinrent en grand nombre, tourner sans cesse autour de lui, jusqu'à ce que le roi lui eut rendu la liberté. Le fait est possible.

Ce dauphin fréquente l'Océan et la Méditerranée, où il est même fort abondant. C'est donc à lui probablement que doivent se rapporter les fables grecques.

Il est cependant difficile de se prononcer à cet égard ; car, outre que la Méditerranée nourrit aussi d'autres es-

Fig. 52. — Dauphin.

pèces, les anciens ont confondu dans leurs descriptions les requins avec ces cétacés, et les ont ainsi rendus méconnaissables. C'est ainsi qu'ils leur croyaient la bouche située au-dessous du corps, comme celle des squales, et pensaient que, par suite, ils étaient obligés de se coucher sur le côté ou de se retourner pour pouvoir manger.

Dans l'*Hydrographie*, au *Traité de la navigation*, du

P. Fournier, jésuite, on peut lire sur ces animaux une assez curieuse anecdote.

Le 1er septembre 1638, quinze galères françaises, commandées par le marquis de Pont-Courlay, se disposaient à livrer combat, en vue de Gênes, à une flotte hispano-sicilienne comprenant le même nombre de vaisseaux, mais bien mieux armés et portant, outre le personnel ordinaire de rameurs et de matelots, trois mille cinq cents hommes d'infanterie.

Laissons maintenant la parole au vieil historien :

« Les ordres reçus, chacun prit son poste, et le capitaine des ennemis était déjà au milieu de ses quatorze galères comme voilà que tout à coup quatre-vingts ou cent dauphins parurent sur l'eau et se rangèrent autour de la capitane de France, bondissant sur l'eau, glissant de la proue à la poupe, s'eslançant vers l'ennemy, et faisans mille passades, qui firent incontinent esclater tout l'équipage en ces voix d'allégresse *vive le roi! nous aurons du dauphin*, prenant cette si subite et inopinée rencontre du roi des poissons, qui se rangeait de leur partie, non-seulement pour l'annonce d'une victoire prochaine, mais de plus pour le présage assuré que la reine accoucherait heureusement d'un dauphin. Et de fait, quatre jours après naquit Mgr le Dauphin (c'était Louis XIV).

« Cette joie fut si extraordinaire qu'elle porta la chiourme à demander les armes et permission de mériter par une bonne action la liberté qu'ils espéraient à la naissance du dauphin, et M. le général ayant demandé qu'on en déferrât plusieurs, on vit en un instant des forçats métamorphosés en très-bons et affectionnés soldats, qui ne contribuèrent pas peu à la victoire ; en considération de quoi, au mois de novembre on donna la liberté à six de chaque galère. »

Les pronostics que les marins tirent de la rencontre des dauphins sont des plus contradictoires. Selon les uns, ces animaux aiment la tempête, il leur plaît de lutter contre les éléments, de bondir sur les crêtes des vagues irritées, et leur approche annonce l'orage. Suivant d'autres, avant-coureurs d'un vent frais, ils accourent comme pour saluer le navire, et leur arrivée doit être considérée comme un heureux présage.

Entre ces deux opinions, nous voilà bien embarrassés, et le plus simple est de ne croire ni à l'une, ni à l'autre.

L'ORQUE OU ÉPAULARD

La plus grande espèce de dauphins est l'*orque* ou *épaulard commun* (*delphinus orca*). Il a jusqu'à 10 mètres de longueur, tandis que le *dauphin bec-d'oie* n'en a que 2.

On en prit un dans la Tamise long de 8 mètres en 1787; et un de 6 mètres dans la Loire, en 1793.

Ces deux exemples montrent qu'il pénètre dans les fleuves.

Ses couleurs sont les mêmes que celles du précédent; il n'en diffère que par une tache blanchâtre, en forme de croissant, derrière l'œil.

L'orque est le plus féroce des cétacés; il attaque la baleine et se nourrit de phoques.

Une troupe d'orques poursuit le roi des cétacés, le harcèle de toutes parts, le mord avec vigueur. La baleine, sans flexibilité pour se retourner, sans courage pour se défendre, accablée de son propre poids, cherche son salut dans la fuite. Elle s'efforce de gagner la pleine mer et de mettre l'Océan entre elle et son ennemi. Mais les orques ne l'abandonnent pas, ils s'opposent à son passage, l'arrêtent, l'acculent dans des anses, et, la contraignant enfin à ouvrir son énorme bouche, dévorent, dit-on, la langue du monstre encore vivant.

Nous avons reproduit plus haut une bien curieuse gravure de l'ouvrage d'Aldrovande sur les poissons, qui représente une de ces luttes. Elle montre combien les anciens naturalistes étaient peu scrupuleux sur la ressemblance des animaux qu'ils faisaient représenter. Cette baleine avec dents, pattes et collier, ces orques à aiguillon, tout enfin est un chef-d'œuvre d'ignorance et de naïveté.

Le professeur Eschricht, de Copenhague, ayant eu avis qu'un orque venait d'échouer sur les côtes du Jutland, le 1er août 1862, s'empressa de se rendre sur ces côtes pour le disséquer, et trouva dans son estomac, non encore digérés, *treize marsouins* et *quinze phoques*.

De nos jours, on rencontre ce dauphin dans l'Océan entier, depuis le Spitzberg jusqu'à Panama, mais on ne le voit plus dans la Méditerranée. Du temps de Pline, il n'en était pas ainsi, et le naturaliste romain assista à un combat que l'empereur Claude livra à un de ces monstres dans le port d'Ostie : « Il y était entré dans le temps qu'on travaillait au port, attiré par le naufrage d'un vaisseau qui apportait des cuirs de la Gaule. »

LE DAUPHIN GLOBICEPS

La troisième espèce de dauphin dont nous voulons parler est le *globiceps* (*delphinus niger*), de l'Océan.

Comme les poissons voyageurs, il va par troupes, sous la conduite d'un chef. Si celui-ci vient à échouer, toute la bande se jette sur le rivage à côté de lui.

Les pêcheurs profitent de cette particularité pour les

capturer. Pourchassant avec des barques le chef, ils le forcent à se jeter à la côte, où tous ses compagnons le suivent. C'est ainsi que, le 7 janvier 1812, des marins de Ploubazlanec, près de Saint-Brieuc, s'emparèrent de soixante-dix dauphins globiceps. Ils poussaient des mugissements affreux, étendus sur le sable. Il y avait sept mâles adultes, cinquante et une femelles et douze jeunes à la mamelle. Le plus vigoureux vécut encore cinq jours, il avait 6^m,05 de longueur.

Quatre-vingt-douze s'échouèrent en 1806 dans la baie de Scapay, et en 1805, trois cent dix avaient subi le même sort sur les rivages de Shetland.

Scoresby enfin dit qu'il en rencontra des bancs de plus de mille individus.

On sait que les anciens habitants de Byzance et de la Thrace poursuivaient les dauphins avec des tridents attachés à de longues cordes, comme les harpons actuels.

Aujourd'hui la recherche de la baleine a fait généralement négliger la chasse de ces cétacés. Elle est pratiquée encore, cependant, et même sur une assez grande échelle, par les habitants des côtes cochinchinoises et des îles Féroë.

Quand un bateau de pêcheurs féringeois vient à découvrir un banc de dauphins, ce qui, le plus souvent arrive en pleine mer, on hisse en toute hâte au mât une veste de matelot. A ce signal, tous les bateaux des environs accourent et se rangent autour du banc, du *grind*, et le poussent vers la côte.

Parfois l'agitation des cétacés est telle, qu'après avoir tenté pendant plusieurs jours de leur faire suivre une direction fixe, les pêcheurs sont obligés d'y renoncer et les abandonnent,

Si tout va bien, un bateau gagne la terre à force de

rames, pour annoncer l'approche du *grind*, et aussitôt
tout le monde se prépare, aux cris mille fois répétés de :
Un banc de dauphins ! *Grindebo ! Grindebo !*

Les hommes courent à leurs barques, armés de couteaux longs à lame large, suspendus à leur ceinture
comme ceux des bouchers, et de harpons dont le fer a
12 pouces et le manche 8 pieds de long. Le gouverneur de
Thorshowen se met à leur tête dans une chaloupe portant
pavillon danois, et dirigée par des chasseurs en uniforme.

Cependant le *grind*, entouré d'un demi-cercle d'embarcations, avance rapidement vers un rivage en pente
douce. Il semblerait, dit le capitaine danois Irminger, lorsqu'on découvre la barre d'écume que produit la natation
rapide et la respiration des cétacés, que l'on voit un ras
de marée.

Plus les dauphins approchent de terre, plus ils s'effarouchent, de tous côtes ils cherchent à rompre le demi-
cercle qui les enserre, et les pêcheurs ont fort à faire
pour les empêcher de fuir, en leur jetant des pierres. La
mer semble houleuse et écumante, et le ronflement de
ces malheureuses bêtes produit un bruit sourd et puissant.

Dès que le banc n'est plus qu'à 300 ou 400 mètres du
fond de la baie, les hommes stationnés à la proue des
bateaux les plus avancés commencent à lancer d'une main
vigoureuse leurs terribles harpons, les retirant ensuite à
l'aide de la corde. L'eau devient rouge, les dauphins bondissent, la bataille est engagée.

Bataille ! c'est plutôt massacre qu'il faudrait écrire,
car aucun des cétacés n'échappe. Ceux que le harpon ne
blesse pas mortellement sont achevés à l'aide du couteau,
tandis que des troupes de cinquante, soixante, tournoyant
sans savoir ce qu'ils font, ivres de peur, ne voyant qu'un

seul côté par où ils croient pouvoir fuir, viennent s'échouer sur le sable où on les tue en leur frappant la nuque de coups de couteau.

Le plus grand globiceps est le partage de l'équipage du bateau qui a le premier observé le *grind*, et l'homme de ce bateau qui a fait la découverte, reçoit en récompense la tête, qui est la partie la plus grasse de l'animal. On prélève aussi des dîmes pour le roi, l'Église, les pauvres, le propriétaire de la grève, les pêcheurs blessés, puis le reste se répartit également entre tous les hommes.

Le lendemain, les embarcations regagnent leur port, chargées de leur part du butin.

La chair et une partie du lard sont salés ou séchés pour servir à la consommation domestique. Le reste de la graisse est converti en huile qu'on enferme dans l'estomac, en guise d'outre.

Un dauphin donne environ une tonne d'huile.

De 1833 à 1863, on a tué à Féroë 37,986 de ces cétacés; la plus nombreuse capture eut lieu en 1852, elle se composait de 852 individus.

Chaque baril d'huile a aujourd'hui une valeur de 100 à 105 francs environ ; autrefois elle n'était que de 30 à 40 francs. Presque tous sont vendus à Copenhague.

Les bonds verticaux du dauphin, la brusquerie des secousses qu'il imprime à la corde qui le retient, rendent fort difficile de le prendre à la ligne ; presque toujours il se détache.

LE DAUPHIN DE LA FABLE — SES COMBATS — SES AMITIÉS
ARION, ETC. — APOLLON ET DELPHES

Passons maintenant au dauphin des anciens.

Remarquons tout d'abord que cet animal était fort mal

défini, et que l'on confondait avec les siennes, mille aventures qu'on ne pouvait prêter qu'à d'autres êtres aquatiques.

Tel est le combat que raconte Sénèque : « Babillus, cet excellent homme, d'une instruction si rare en tout genre de littérature, dit avoir vu, pendant sa préfecture d'Égypte, à la bouche du Nil dite Héraclétique, la plus large des sept, des dauphins venant de la mer, et des crocodiles menant du fleuve à leur rencontre une troupe des leurs, qui livrèrent aux dauphins une sorte de combat en règle : les crocodiles furent vaincus par ces pacifiques adversaires, dont la morsure est inoffensive. Les crocodiles ont toute la région dorsale dure et impénétrable à la dent même d'animaux plus forts qu'eux ; mais le ventre est mou et tendre. Les dauphins, en plongeant, *le leur entamaient avec la scie saillante qu'ils portent sur leur dos*, et dans leur élan de bas en haut, les éventraient. Beaucoup de crocodiles furent décousus de la sorte ; les autres firent un mouvement de conversion et se sauvèrent. »

Ce Babillus, soit dit entre nous, ne m'inspire pas grande confiance, et je soupçonne fort que la défense de l'entrée du Nil par les crocodiles est un digne pendant de la bataille des rats et des belettes.

Toutefois, comme il n'est rien qui naisse sans cause, il est probable que Babillus et les autres historiens qui racontèrent ces odyssées crocodiliennes, les ont imaginées parce qu'ils avaient vu des poissons armés d'une nageoire dorsale épineuse. Or celle des dauphins est des plus lisses ; ce n'est donc pas de nos cétacés qu'il s'agit. Mais il y a dans la Méditerranée deux requins (*squalus spinax* et *S. centrina*), qui possèdent, à la partie antérieure de chacune de leurs deux nageoires dorsales, un aiguillon très-dur, très-fort, blanc, et presque triangulaire. Bien plus, le premier aiguillon du S. *centrina*, ou *humantin*, est fortement incliné vers la tête, et par conséquent ce poisson peut l'enfoncer dans le ventre d'un animal quelconque en passant au-dessous de lui. Il nous semble donc bien évident que c'est ce squale, qui a 1^m,50 de longueur, qu'on aura montré à Babillus et qu'il aura appelé dauphin.

Passons.

Sous l'empire d'Auguste, prétend la tradition, un dauphin qui était entré dans le lac Lucrin, conçut la plus vive affection pour l'enfant d'un homme du peuple. Cet enfant faisait souvent le voyage de Baïes à Pouzzoles pour se rendre aux écoles. A midi, l'heure de sa récréation, le dauphin était habitué à venir à sa voix, et l'enfant lui jetait des morceaux de pain qu'il apportait pour les lui donner. A quelque heure du jour que l'enfant l'appelât, fût-il caché au fond des eaux, il accourait, et après avoir reçu de sa main la portion qui lui était destinée, il présentait son dos ; puis il le portait à Pouzzoles à travers la mer, et le ramenait de la même manière. L'enfant mourut de maladie : le dauphin continua de venir au rendez-vous, mais il avait l'air triste et chagrin. Il mourut bientôt lui-même, et personne ne douta que ce ne fût du regret de ne plus voir son jeune ami.

Dans cette gracieuse légende se révèle le génie poétique de la Grèce. Pour eux, habitants d'une terre fertile et pittoresque, pour eux que le soleil baignait sans cesse de ses brillants rayons dont les vents de la mer attiédissaient l'ardeur, et qui ne connaissaient ni les pluies ni les noires forêts qu'a dépouillées l'hiver, pour eux, tout était gai, tout souriait. Plus tard, nous verrons qu'il serait possible jusqu'à un certain point, d'attribuer au phoque une partie des anecdotes sur l'apprivoisement des dauphins, mais même en admettant cette version, elles seraient encore fort embellies, et conserveraient une forte empreinte d'hellénisme. Ainsi que le dit si bien Lacépède, « si le dauphin de la nature appartient à tous les climats, celui des poëtes n'appartient qu'à la Grèce. »

Les histoires analogues à celles que nous venons de citer sont innombrables.

A Hippone, en Afrique, un dauphin recevait de même sa nourriture de la main des hommes. Il se laissait manier, jouait avec les nageurs, les portait sur son dos. Flavinius, proconsul d'Afrique, frotta d'essence la pauvre bête. Assoupie probablement par cette odeur nouvelle pour elle, elle flotta quelque temps sur l'eau, sans donner signe de vie. Puis elle revint à elle, et, comme blessée par un outrage, s'éloigna quelque temps des hommes. Dans la suite, les vexations des hommes puissants qu'attirait de toutes parts la curiosité, déterminèrent les habitants d'Hippone à la tuer.

Un dauphin étant venu s'échouer près d'Iassus, on imagina qu'il s'était jeté sur le sable en voulant suivre un enfant qui jouait sur la plage.

J'ai vu moi-même à Paroséline, dit Pausanias, un dauphin qui, blessé par des pêcheurs et guéri par un enfant, lui témoignait sa reconnaissance ; je l'ai vu venir à la voix de l'enfant, et quand celui-ci le désirait, lui servir de monture pour le conduire où il voulait.

Pausanias est du reste le seul auteur qui ait vu par lui-même la merveille dont il parle.

Mais il ne suffisait pas d'assurer que le cétacé aimait les enfants et jouait volontiers avec eux, il fallait encore qu'il se rendît utile.

Quelques dauphins s'étant sans doute trouvés auprès de pêcheurs que la chance favorisait, on en conclut que ces animaux aidaient l'homme à pêcher.

Tous nos lecteurs se rappellent la pêche fantastique que Pline décrit, comme se passant journellement sur nos côtes, près de Nîmes :

« A une certaine époque de l'année une prodigieuse quantité de *muges* ou *mulets* s'élance vers la mer par l'é.troite embouchure de l'étang *Latéra*.

« Ces poissons choisissent le moment du reflux, ce qui empêche qu'on ne puisse tendre les filets, qui d'ailleurs ne seraient pas capables de soutenir une masse aussi énorme. Par l'effet du même instinct, ils se dirigent de suite vers la haute mer, et se hâtent de fuir le seul lieu propre à tendre des filets. Les habitants qui connaissent l'époque de cette émigration, attirés d'ailleurs par le plaisir de cette pêche, s'assemblent sur le rivage. Spectateurs et pêcheurs, tous font retentir au loin, les cris : *Simo*, *Simo*. Les dauphins entendent bientôt qu'on a besoin d'eux. Le vent du nord leur porte la voix. Le vent du midi est contraire. Mais en quelque temps que ce soit, ces fidèles auxiliaires ne tardent pas à paraître. On croirait voir accourir une armée.qui, à l'instant même, prend ses positions dans le lieu où l'action va s'engager. Ils ferment la mer aux muges qui, dans leur épouvante, se rejettent vers les bas-fonds. Alors les pêcheurs les entourent de leurs filets, qu'ils soutiennent à l'aide de fourches. Les muges néanmoins les franchissent d'un saut agile. Les dauphins fondent sur elles, et contents, pour l'instant, de les avoir tuées, ils attendent pour les manger que la victoire soit achevée. L'action se soutient, et pressant l'ennemi avec ardeur, ils se laissent volontiers enfermer avec lui ; et afin que leur présence ne le fasse pas fuir, ils se glissent insensiblement entre les barques, les filets et les nageurs, de manière qu'ils ne lui laissent aucun passage. Quoique naturellement ils se plaisent à sauter, nul n'essaye de s'évader à moins qu'on abaisse le filet ; sortis de l'enceinte, ils recommencent le combat. Quand tout est pris, ils dévorent celles qu'ils ont tuées. Mais sachant qu'ils ont trop bien travaillé pour ne recevoir que le salaire d'un jour, ils présentent encore le lendemain et se rassasient non-seulement de poissons, mais encore de pain trempé dans du vin. »

Donner aux dauphins du pain trempé dans du vin !

L'idée est ingénieuse. Ne semble-t-il pas entendre Molière :

SGANARELLE. —Qu'on lui fasse prendre pour remède quantité de pain trempé dans du vin.

GÉRONTE. — Pourquoi cela, monsieur?

SGANARELLE. —Parce qu'il y a dans le vin et le pain mêlés ensemble une vertu sympathique qui fait parler. Ne voyez-vous pas bien qu'on ne donne autre chose aux perroquets, et qu'ils apprennent à parler en mangeant de cela? (*Le Médecin malgré lui.*)

Les anciens ne s'arrêtèrent pas là. Ils étaient en trop beau chemin. Si le dauphin suivait les navires, ce ne pouvait être que pour recueillir et sauver les matelots naufragés ; personne ne doutait de leur habileté à porter des hommes sur leur dos : témoin Hermias, un jeune homme d'Iassus, qu'une tempête imprévue fit périr alors qu'il franchissait la mer de cette manière ; de plus les traditions religieuses concouraient à favoriser ces écarts de l'imagination, et poëtes ou naturalistes s'empressaient de célébrer à l'envi ce bizarre sauveteur.

> Un navire en cet équipage
> Non loin d'Athènes fit naufrage,

Sans les dauphins, tout eût péri.
Cet animal est fort ami
De notre espèce : en son Histoire,
Pline le dit, il le faut croire.

Tout le monde sait l'histoire d'Arion. Ce poëte grec, après avoir amassé en Italie de grandes richesses, voulut revenir à Corinthe, sa patrie, et fréta un navire à cet effet. Une fois en mer, les matelots résolurent de le tuer pour s'emparer de ses trésors. Ce fut en vain qu'il tenta d'attendrir ses bourreaux, et quand il eut perdu tout espoir, il leur demanda pour seule grâce de le laisser chanter une dernière fois avant de mourir. Mais la musique n'eut pas plus d'effet sur ces cœurs endurcis que les prières, et Arion désespéré se jeta dans les flots. Cependant une troupe de dauphins était accourue pour écouter le son de sa lyre ; l'un d'eux le reçut sur son dos, et porta le poëte au promontoire de Ténare, d'où il se rendit à Corinthe. Le tyran Périandre, informé par Arion lui-même de ce crime et de ce miracle, fit arrêter et crucifier les matelots dès qu'ils débarquèrent. Apollon métamorphosa en une constellation et rendit ainsi immortel le dauphin qui avait sauvé Arion.

LE CULTE DU DAUPHIN. — LE DAUPHIN HÉRALDIQUE.

On adorait Apollon à Delphes non-seulement sous le nom de *Delphique* et de *Pythien*, mais encore sous celui de *Delphinien*. On l'avait ainsi surnommé parce qu'il s'était montré sous la forme d'un dauphin aux Crétois, pour les guider jusqu'au rivage où ils avaient fondé Delphes, l'oracle le plus révéré de l'univers.

Il n'y eut pas qu'Apollon qui fut aidé par le dauphin dans

ses entreprises, et d'autres dieux mêlèrent aussi le cétacé à leurs aventures. Amphitrite avait toujours repoussé Neptune et l'avait fui. Neptune envoya deux dauphins à sa recherche. Ceux-ci la trouvèrent au pied du mont Atlas, la firent monter sur une coquille et l'ammenèrent ainsi au puissant roi des mers, qui l'épousa.

Pour enlever la nymphe Mélantho, ce dieu prit la figure du dauphin, et c'est sous ces traits qu'on l'adorait à Sunium.

Afin d'indiquer que l'empire de l'amour s'étendait sur la terre et sur l'onde, on représentait le divin enfant avec des fleurs dans une main, et un dauphin dans l'autre.

On couchait le dauphin aux pieds de Vénus ; on le tordait autour d'un trident pour symboliser la liberté du commerce, etc., etc.

Les chefs gaulois le prirent pour emblème et les légendes chrétiennes rapportent que les corps de saint Arlan et de saint Théotique, martyrs, furent pieusement rapportés à terre par des dauphins.

Aujourd'hui, si on n'adore plus le dauphin, il est une forme sous laquelle il impressionne encore vivement certains hommes. Mais ce n'est plus sur la foi, c'est sur la vanité qu'il étend son empire. Je veux parler du dauphin considéré comme animal héraldique.

Le blason fait en effet grand usage de cet animal. Mais il faut avouer que la figure que lui prêtent les armoiries, non plus que celle des sculpteurs et des peintres, ne ressemble guère au dauphin que pêchent nos baleiniers.

En termes du code héraldique, le dauphin est *allumé*, *lorré* ou *peautré*, suivant que l'œil, les nageoires ou la queue sont émaillés autrement que le reste du corps. Lorsqu'il est d'une seule couleur, la gueule béante et comme près d'expirer, on le dit *pâmé* ; si la tête et la queue tendent vers le bas de l'écu il est *couché*; il est *vif* s'il est dressé de profil et arrondi en demi-cercle, tourné à droite.

Le titre de *dauphin* a d'abord servi à qualifier les comtes de Viennois. Il a été porté pour la première fois, par Guigues IV, qui vivait au douzième siècle, et le plus ancien texte qui en fasse mention est un acte que ce seigneur passa avec Hugues II, évêque de Grenoble, en 1140. En 1342, un descendant de Guigues, Humbert II, abandonna ou plutôt vendit ses États au roi de France, en stipulant, comme chacun sait, que, à partir du petit-fils de Philippe VI (c'était Charles V), les fils aînés des rois de France porteraient le titre de dauphins. Le dernier prince qu'on qualifia ainsi fut le duc d'Angoulême, fils aîné de Charles X. La province formée des États de Humbert prit le nom de Dauphiné, qu'elle ne perdit qu'à la Révolution.

XIII

LE CACHALOT

DESCRIPTION DU CACHALOT. — SES MŒURS. — BLANC DE BALEINE.

Si le cachalot n'est pas le plus volumineux des cétacés, c'est du moins un des plus longs, et la baleine même l'emporte à peine sur lui sous ce rapport. On en voit de 25 à 30 mètres de longueur, tandis que la grandeur maximum de la baleine franche est 35 mètres.

Mais ce qui surtout le rend extraordinaire, c'est la grosseur de sa tête. Elle est vraiment démesurée et forme à elle seule la moitié du corps (fig. 33). Elle paraît comme une grosse masse tronquée en avant, rappelant grossièrement la forme d'un cube; il semble que la résistance offerte au mouvement par cette grande surface verticale devrait rendre fort lente la locomotion du cétacé.

Tout au bout du museau est un évent unique.

La mâchoire inférieure est garnie de dents, et c'est à cause de ce caractère que nous devons placer le cachalot au-dessus de la baleine, comme le dauphin et le narwal, parce qu'il révèle un animal plus parfait. En regard de chaque dent se trouve, dans la mâchoire supérieure, une cavité propre à la recevoir quand l'animal fermé la bouche.

« Dans la déglutition, dit le docteur Thiercelin, la langue joue le rôle principal ; en effet, elle se gonfle en avant,

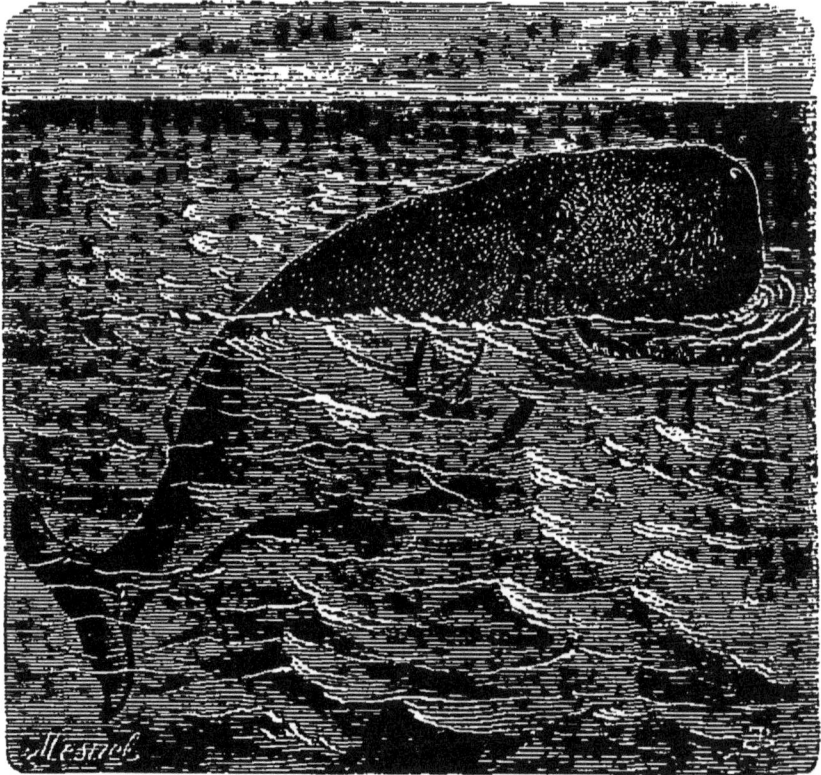

Fig. 33. — Cachalot.

chasse toute l'eau qui occupait la capacité de la gueule, enveloppe la proie comme la langue d'un jeune enveloppe le mamelon de sa mère. Bientôt l'animal desserre un peu les mâchoires, aspire fortement, et engouffre le poisson dans l'œsophage. Le pharynx est fermé par la base de la langue quand la gueule est ouverte ; mais que la gueule se ferme, la langue se gonflant en avant s'abaisse par derrière et un poisson d'un volume relativement assez gros peut entrer dans un canal dont les parois sont élastiques et qui se referme aussitôt que la déglutition est opérée. »

On voit qu'ici, comme chez la baleine, l'animal n'avale pas l'eau.

L'œil est situé au-dessus du coin des lèvres ; il est petit, et Anderson assure que dans un individu de cette espèce, poussé dans l'Elbe par une forte tempête en 1720, et qui avait plus de 25 mètres de longueur, le cristallin de l'œil n'était que de la grosseur d'une balle de fusil. Les yeux, portés sur de petits renflements, sont saillants, et le cachalot peut ainsi voir en avant, malgré sa tête.

Un peu plus loin que l'œil est l'oreille dont le conduit est très-difficile à apercevoir.

Derrière la tête, le tronc forme un cône trapu que termine la queue, étalée, large, bien divisée en deux lobes. La place du cou est marquée par un renflement, au lieu d'une dépression.

Comme le marsouin, le cachalot nage en frappant l'onde de sa queue, tantôt filant en ligne horizontale, tantôt culbutant sans relâche, et cela surtout lorsqu'il est effrayé.

Les cachalots ne se nourrissent que de mollusques (calmars, élédorines, sèches, etc.,) et de petits animaux ; donc ils avaient besoin d'une bouche immense pour saisir sans difficulté suffisamment d'aliments. Mais, d'un autre côté, cette tête devrait alors peser trop, par rapport au corps si elle était faite comme celle des autres cétacés, et le cachalot éprouverait bien de la peine à la maintenir à la surface pour respirer. Mais non ; il n'en n'est rien. C'est que, comme chacun sait, cette tête contient une cavité considérable dans sa partie supérieure, depuis le museau jusqu'au-dessus des yeux, qui est remplie, non d'une matière solide, mais d'une huile légère, laquelle se solidifie à l'air et forme le *spermaceti* ou *blanc de baleine*.

Inutile d'insister sur la stupidité des noms donnés à ce

produit. La cavité est divisée en deux compartiments ; celui qui est au-dessus du palais a parfois 2^m,50 de hauteur. Elle est recouverte par plusieurs téguments, une couche de lard et la peau.

Par suite de la disposition de l'évent, le jet d'eau pulvérisée, de vapeur, de mucus, qui en sort, retombe, non sur le dos, mais en avant de l'animal. Il est extrêmement facile, pour un œil exercé, de reconnaître à distance le souffle d'un cachalot de celui d'une baleine : « Ce dernier peut être comparé à un beau panache blanc, celui du cachalot aux petits nuages grisâtres qui s'échappent d'une machine à vapeur par bouffées intermittentes... Expiration courte, bruyante, souvent répétée, production d'un nuage recourbé en forme de demi-cercle et restant très-peu de temps en vue : voilà les principaux caractères du souffle du cachalot. » (Thiercelin.)

Les cachalots se rencontrent dans toutes les mers, mais leur véritable patrie est la zone torride. Ils vivent souvent en troupes, — nageant, disaient nos pères « sous la royale direction d'un chef, tant il est vrai que, dans la nature, les bêtes mêmes sentent la nécessité d'avoir un roi ; » — au hasard et sans guide partout où l'abondance des aliments les attire, selon les modernes.

L'AMBRE GRIS — L'AMBRE RENARDÉ

Leur nourriture, ainsi que nous l'avons déjà dit, se composant surtout de céphalopodes, lesquels ont généralement une odeur musquée, il n'est pas étonnant que les produits de leurs digestions conservent cette odeur. Il nous semble probable que les sucs digestifs ne dissolvent pas les principes odorants de ces mollusques et qu'ainsi ceux-ci se concentrant de plus en plus finissent par former des calculs, des dépôts solides et d'une odeur extrêmement forte. Toujours est-il que dans les intestins et parmi les déjections des cachalots, on trouve une substance musquée bien connue, l'*ambre gris*.

« L'ambre gris — écrivait, en 1675, l'illustre chimiste Nicolas Lémery — est un bitume qui se trouve en plusieurs lieux sur le rivage de la mer.

« On croit qu'il n'en vient que des mers d'Orient, quoiqu'on en ait quelquefois rencontré sur les côtes d'Angleterre et en plusieurs autres lieux de l'Europe. La plus grande quantité se trouve à la côte de Mélinde, principalement à l'embouchure de la rivière qu'on appelle *Rio di Sena*. »

Cette opinion se maintint, presque sans être modifiée, jusqu'en ces derniers temps, et Swédiaur le premier soutint que l'ambre gris était un produit intestinal du cachalot. Cependant, dès 1741, on avait trouvé un morceau d'ambre de 5^k,30 dans le corps d'un cachalot échoué à Bayonne, mais cette découverte n'avait en rien dessillé les yeux des savants.

On recueille quelquefois, empâtés dans l'ambre, des écailles de poisson et des débris de céphalopodes. Sa couleur est gris noirâtre, souvent masquée par des efflorescences blanches; il a la forme de masses irrégulières à couches concentriques ou des granules agglomérés. Ces masses varient de poids entre 50 et 500 grammes, mais sont parfois bien plus considérables. Un cachalot de Bayonne en donna 5^k,30; un baleinier en retira 20 kilog. d'un autre individu et 52 d'un troisième. En 1695, la compagnie des Indes en possédait un bloc de 73 kilog., et Valmont de Bomare en vit une énorme concrétion qui pesait 100 kilog.

On prétend, selon Frédol, que les renards sont très-friands de l'ambre gris, qu'ils viennent chercher sur les côtes de la mer. Ils le mangent et le rendent tel qu'ils l'ont avalé quant à son parfum, mais altéré dans sa couleur. C'est à ce fait qu'on attribue l'existence de quelques morceaux d'ambre blanchâtre dans les Landes aquitaniques, qu'on appelle dans le pays *ambre renardé*. Ceci nous paraît bien difficile à constater.

LA PÊCHE — CE QU'ON TIRE D'UN CACHALOT — HUILE — IVOIRE BLANC DE BALEINE (ADIPOCIRE)

La pêche du cachalot se faisant exactement comme celle de la baleine, nous nous abstiendrons de la décrire.

Seulement ce cétacé, au lieu de fuir et de se laisser attaquer sans chercher à sauver sa vie, se défend avec énergie, ouvre sa gueule démesurée, prête à se refermer pour broyer hommes et canots, et surtout les frappant et brisant avec sa tête, puissante comme un bélier antique, capable de défoncer un navire : *l'Essex* se perdit, dit-on, de cette façon. C'est une dangereuse proie pour les baleiniers.

Aussi est-ce surtout pour cette pêche qu'on fait usage des *lances américaines*, des *balles Devisme*, etc., comme c'est là aussi qu'on se servait autrefois de flèches-harpons lancées par une arbalète puissante.

Une fois le cachalot bien amarré, en dépit de ses brusques mouvements, il finit par s'épuiser et meurt ; on l'amène contre le navire, et le dépècement commence. On prend la graisse, on épuise avec des cuillers (parfois même avec des seaux) le *blanc* de la tête, on arrache les dents ; puis, par une déplorable négligence qu'entraîne la routine, on abandonne le reste sans chercher l'ambre que recèlent les entrailles, et pourtant ce produit a une énorme valeur dans la parfumerie.

La graisse d'un cachalot, fondue, forme assez peu d'huile : 20 à 25 barils. Parfois, mais très-rarement, les baleiniers capturent un *solitaire*, c'est-à-dire un cachalot qui vit seul, et en retirent jusqu'à 120 barils d'huile.

A mesure que le *blanc de baleine*, ou plutôt de cachalot (l'*adipocire*), se réfroidit, il devient solide. On dirait une sorte de cire très-transparente, cristallisée, onctueuse au toucher. M. Quoy a calculé qu'un cachalot des Moluques, long de 19 mètres, en contenait 24 barils.

Pour avoir pure l'adipocire figée, on la passe dans un sac de laine, puis on la fait bouillir dans une lessive alcaline qui la débarrasse des matières grasses, et on la coule en gâteaux. Elle sert dans la fabrication des bougies et des cierges. Malheureusement le prix élevé de cette substance ne permet pas de l'employer pure, même pour les bougies les plus chères.

Quant aux dents, elles sont cylindriques et pointues au sommet, un peu courbes, longues de $0^m,20$ et d'un ivoire très-médiocre. Néanmoins les marins en font grand cas, et les sauvages océaniens partagent ce goût. Porter, qui visita en 1823 Nouka-Hiva, écrivait : « Un navire de 300 tonneaux pourrait compléter, à Nouka-Hiva, une cargaison de bois de sandal pour dix dents de cachalot, et cela d'autant plus facilement que les naturels ne s'épargneraient aucune peine pour aller le couper dans les districts les plus reculés et pour le transporter au lieu de l'embarquement. Or une cargaison de cette espèce peut se vendre en Chine un million de dollars (cinq millions de francs). »

Aujourd'hui encore, selon l'auteur des *Derniers Sauvages*, les habitantes des îles Marquises disent aux matelots baleiniers, dont elles sollicitent les cadeaux : « Manu, apporte-moi de là tapa rouge (étoffe), des colliers, des dents de cachalot. »

MERS OU ON LE TROUVE — AVENTURE DE PÊCHE

Ainsi que nous le disions, ce cétacé est de toutes les mers. Il paraît néanmoins n'avoir pas été connu des anciens, et son nom vulgaire (cachalot) lui fut donné par les Français des côtes orientales, et signifie baleine à dents. De loin en loin, on apprend que quelque individu de cette espèce est venu échouer sur nos rivages.

En 1784, trente-deux individus, presque tous femelles, vinrent se jeter sur la plage près la baie d'Audierne (Finistère). Le 19 janvier 1767, un autre fut pris dans la baie de la Somme, près Saint-Valery. Nous avons cité celui échoué à l'embouchure de l'Avons, à Bayonne, en 1741. Enfin, il y a quelques mois (octobre 1866), un couple vint se perdre sur les côtes de l'Angleterre, et M. Esquiros assure que ces animaux abondent dans les parages de l'Irlande.

Quoi qu'il en soit, c'est dans les mers de l'Inde, du Japon, des Moluques, du Corail, que les Américains et quelques Anglais, les seuls qui se livrent à cette industrie, vont les chasser. Espérons que bientôt, nous aussi, grâce à l'excellente invention du docteur Thiercelin, nous exploiterons avec succès cette source de richesses.

Ce n'est pas, tant s'en faut, une pêche sans danger, par suite de l'agilité, de la brusquerie, de la force de l'animal.

Un chirurgien baleinier a décrit, et M. Esquiros a traduit un épisode de cette pêche qui nous semble mériter d'être rapporté, car rien ne saurait mieux en donner idée à nos lecteurs que ce récit mouvementé :

« L'après-midi d'un jour qui avait été assez orageux, de jeunes baleines-spermaceti (cachalots) apparurent près du vaisseau, et, comme le temps s'était un peu éclairci, le capitaine ordonna à l'officier en second de baisser le bateau; il en fit autant de son côté, en vue de poursuivre ces animaux.

« Les deux bateaux furent instantanément mis à la mer; nous ne pouvions en lancer davantage, ayant eu les deux autres brisés le jour précédent. Les hommes s'approchèrent aussitôt des baleines; malheureusement ils furent vus par ces animaux avant d'être à portée de jeter le harpon avec quelques chances de succès. En conséquence, la bande de baleines se sépara et se dispersa dans différentes directions avec une grande vitesse. Une d'elles, néanmoins, après avoir fait plusieurs tours, vint droit vers le bateau du capitaine. Lui, attendit, observa en silence sans remuer une seule rame, de sorte que la baleine s'avança près de son bateau et reçut le harpon derrière la bosse. Je vis moi-même entrer l'arme dans la chair du cétacé. La baleine parut frappée de terreur pour quelques secondes; puis elle se remit, partit comme le vent et remorqua le bateau avec tant d'impétuosité — tirant la corde dont une des extrémités était attachée au harpon et dont l'autre était entre les mains des pêcheurs — que le bateau ne se soutint à la surface de la mer que par miracle.....

« L'officier en second, ayant observé la course de la baleine et du bateau, manœuvra de son côté, et, lorsqu'ils passèrent près de lui, ce qui arriva bientôt, il lança un second harpon. Les deux pirogues filèrent alors attachées l'une et l'autre à la baleine, et presque avec la même vitesse que tout à l'heure.

« Je vis alors le capitaine jeter la lance à la baleine, mais sans effet ; car la rapidité de la course du cétacé ne parut en rien diminuée. En peu de temps, tous disparurent — la baleine et les deux bateaux — les uns et les autres à une trop grande distance pour être vus de dessus le pont à l'œil nu. Je montai sur le mât, et, à l'aide d'un télescope, je pus suivre les trois objets comme trois taches à la surface de l'Océan ; mais elles étaient à une distance alarmante.

« Le soleil allait se coucher, et tout annonçait une affreuse nuit. »

Un homme, le matelot Berry, tombe à la mer, et on ne peut réussir à le sauver...

« Les ténèbres s'étendaient maintenant à la surface de là mer agitée... Depuis la tombée de la nuit, nous n'avions cessé d'allumer des flammes bleues en guise de signaux ; notre grand navire contenait heureusement de l'huile et de la corde, qui, brûlant sur la poupe, jetaient une grande lumière. Mais, quoique nous fussions beaucoup d'yeux occupés à chercher de tous côtés les bateaux, nous ne pûmes rien découvrir que les ténèbres. Lorsque vinrent neuf heures du soir, nous ne doutâmes plus guère qu'ils ne fussent disparus pour jamais... »

Mais, tout à coup, une lumière scintille au loin ; elle s'approche : c'est le capitaine et ses gens qui remorquent la baleine. « Les hommes montèrent tous à bord : on parla de la fin malheureuse du pauvre Berry, et les visages de nos marins exprimaient l'affliction ; mais la joie de leur propre délivrance jetait un rayon de lumière sur cette tristesse et sur cette sombre nuit ! »

Selon notre habitude, nous chercherons à indiquer à nos lecteurs quelle est, pour la France, l'importance du commerce de blanc de baleine, à l'aide des quelques chiffres (officiels) que nous avons groupés dans ce tableau.

		ANNÉE 1863.	ANNÉE 1864.
		kil. fr. c.	kil. fr. c.
Blanc de baleine brut :	Prix..........	1= 1 50	1= 1 50
	Importation. .	77,665=87,071 »	58,056=87,011 »
	Exportation. .	865= 1,295 »	20,728=51,092 »
Blanc de baleine raffiné :	Prix.-.......	1= 5 »	1= 2 75
	Importation. .	2,755= 6,774 »	5,407= 9,565 »

En 1826, le prix d'un kilogramme de cette substance était, brute, 1 fr. 60; raffinée, 5 fr, 90. Sa valeur a donc, quand elle est préparée, beaucoup diminué.

Ainsi que nous l'avons dit, le spermaceti n'est point la seule matière industrielle qu'on extraie du cachalot. On en prend aussi l'huile, qui s'importe et se vend confondue avec celle de la baleine franche, et on recueille sur les plages ou à la surface de l'eau, surnageant comme de la pierre ponce, l'ambre gris.

La parfumerie en reçoit et exporte les quantités suivantes :

		ANNÉE 1863.	ANNÉE 1864.
		gr. fr.	gr. fr.
Ambre gris :	Prix (en 1326, 1 fr. 40 le gr.)..	1= 0.85	1= 1,20
	Importation.........	102,092 = 87,777	19,090 = 22,955
	Exportation........	177,945 =147,005	102,281 =120,557

Enfin les baleiniers gardent aussi les dents; mais ce ivoire ne donne lieu qu'à un commerce bien insignifiant; surtout en Europe, et les relevés statistiques ne le mentionnent même pas.

XIV

LES OURS BLANCS

Nous avons vu un des tyrans de la mer, le *requin*, l'hôte des mers chaudes ; nous allons parler maintenant d'un autre, l'*ours blanc (ursus maritimus)*, la terreur des mers glacées.

Le requin était uniquement aquatique, l'ours blanc, lui, est amphibie, et presque aussi redoutable dans l'eau que sur le sol. Ce n'est pourtant pas qu'il soit bien courageux, mais habitué à ne rencontrer aucun ennemi capable de lui résister, il ignore ce que c'est que le danger, et s'aventure contre un ennemi mille fois supérieur à lui, non par intrépidité, mais parce qu'il se croit invincible. Il est brave à la façon de l'invulnérable Achille... Mais vient-il à être blessé, il fuit sans vergogne en poussant de plaintifs aboiements.

Cet ours est de la taille de l'ours brun, ou peu s'en faut. C'est donc par exagération sans doute que Guillaume Barentz prétend qu'il en a vu de 3 et 4 mètres de haut. Il est vêtu d'une épaisse fourrure blanc jaunâtre, touffue, longue, fine, soyeuse. Aussi résiste-t-il admirablement aux froids les plus rigoureux.

Ses yeux, ses ongles, le bout de son museau, l'intérieur de sa gueule, sont noirs.

On ne sait si cet animal, semblable aux loirs et aux marmottes, s'engourdit pendant le froid. Des auteurs anglais prétendent que, vers le mois de décembre, l'ours femelle se retire à côté d'un rocher, et là, moitié en creusant le sol de ses ongles, moitié en se laissant recouvrir par la neige qui tombe, qu'elle se forme une cellule dans laquelle elle reste enfermée jusqu'à ce qu'elle mette bas. Les oursons nés, la mère briserait cette espèce de coque et sortirait avec eux. (Wood.)

Inutile d'insister sur l'absurdité de cette retraite matrimoniale. Qu'on soutienne avec Frédéric Cuvier que les ours blancs s'engourdissent au milieu de l'hiver, abrités dans quelque trou ou sous une couche de neige, très-bien. Peut-être le fait est-il controuvé, mais au moins il est possible.

Pendant les deux mois d'été, les ours polaires parcourent les forêts. Ils mangent des fruits, déterrent des racines succulentes. Ils courent rapidement, chassent le renne et les autres mammifères inoffensifs de ces régions.

Puis, quand la neige vient étendre son voile sur ces richesses végétales, quand les rennes abandonnent les régions froides pour se rapprocher des pays plus tempérés, ces ours vont chercher sur les bords de la mer une proie plus facile. Ils viennent, surtout au nord du Spitzberg, se tenant sur les banquises, souvent réunis en troupes ; exception remarquable à la loi qui veut que tous les grands carnassiers vivent isolés.

Ces animaux nagent bien. On en a rencontré à 5 ou 6

[Fig. 54. — Ours pêchant un phoque.

lieues de tout îlot de roche ou de glace, mais il est faux qu'ils puissent nager pendant 60 lieues.

Lorsqu'on les trouve à de très-grandes distances, c'est qu'ils ont grimpé sur des gla-ces flottantes qu'un courant a entraînées, et qu'ils se sont laissé dériver sur ces radeaux improvisés. C'est ainsi qu'il en arrive des bandes affamées et furieuses sur les côtes de l'Islande, de la Norwége et même dans l'archipel du Ja-pon.

Fig. 35. — Tête d'ours blanc.

La tête de l'ours polaire est puissamment caractérisée ; elle est bête, féroce, brutale (fig. 35). Ses mâchoires sont assez fortes pour couper en deux une barre de fer de $0^m,10$ d'épaisseur.

Dans les glaces, les ours se nourrissent de phoques et de poissons et mangent même des algues ; ils attaquent les jeunes baleineaux, lorsqu'ils sont bien certains que la mère n'est point là, car, en ce cas, d'un coup de sa queue puissante elle les broie comme un fragile mollusque.

Ils suivent les phoques à la piste, s'approchent douce-ment, rampant contre la neige, puis d'un bond se redres-sent et les tuent d'un coup de dent derrière le crâne.

Souvent les phoques ont soin de choisir pour s'y repo-ser un point où la glace offre une large ouverture, de fa-çon qu'en cas d'attaque ils puissent aisément plonger. Lorsqu'un ours remarque cette disposition défensive, il gagne le bord du glaçon, plonge en dessous, et surgissant tout à coup du trou même dans lequel le phoque comptait s'abriter, tue et dévore le pauvre animal.

Dans l'expédition de Philipps, en 1773, on rencontra

plusieurs fois ces ours. Une fois Nelson, qui devint plus tard le premier des amiraux, mais qui n'était alors qu'un midshipman, soutint seul une lutte contre un d'eux. On demandait à ce jeune homme, frêle et délicat, comment il avait eu l'imprudence d'attaquer un ennemi aussi redoutable. « Je voulais rapporter sa peau à mon père, » répondit-il simplement.

Une autre fois, on vit accourir vers un foyer où étaient restés quelques morceaux de viande de morse rôtie, une femelle et deux oursons. La mère tira du feu la chair non calcinée, et la répartit entre eux trois, prenant la plus petite part. Des chasseurs embusqués firent feu ; les deux oursons tombèrent, mais la mère ne fut pas mortellement atteinte. Alors on la vit donner les marques les plus attendrissantes de désespoir. Sans faire attention au sang qu'elle perdait, à ses blessures douloureuses, elle ne s'occupait que de ses petits, les appelait par des cris lamentables, leur offrant sa nourriture. Elle essayait en vain de les relever ; elle reculait, et les appelait : ils ne bougeaient pas. Elle se rapprochait, léchant leurs blessures, essayant de les réveiller, puis, lorsqu'enfin elle comprit qu'ils étaient morts, elle s'avança vers le vaisseau en poussant des hurlements menaçants. Une décharge générale l'accueillit, elle chancela, et vint expirer auprès de ses oursons !

Les jeunes ours sont très-petits, proportionnellement aux adultes : ils sont gros comme des lapins, quoique destinés à atteindre 6 pieds de haut.

Dans quelques circonstances, des ours polaires ont fait preuve d'une assez grande adresse. Par exemple, un baleinier voulant avoir une peau intacte, tenta d'en prendre un par ruse. Il étendit sur la neige une corde avec un nœud coulant dans lequel il mit un appât. Un ours vint, se saisit de la viande, et se trouva pris par une patte ; mais il parvint à se dégager et emporta la provision en lieu sûr.

Le piége fut rétabli, mais messire ours avait bonne mémoire, et si le souvenir de la proie le ramena, celui de l'embarras qu'avait failli lui causer la corde le porta à l'écarter prudemment avant toute chose.

On ne fut pas plus heureux en cherchant à dissimuler le collet sous la neige. Enfin on plaça l'appât au fond d'un trou assez profond, et autour de l'ouverture on ajusta le nœud. Peine inutile : l'ours gratta la neige avant de mordre, découvrit et enleva le nœud, puis mangea tranquillement sa pâture.

L'OURS CAPTIF ET L'OURS LIBRE — COMBAT CONTRE LES OURS BLANCS

Lorsqu'on voit l'ours blanc dans nos ménageries, dans les fosses du Muséum ou de Berne, par exemple, cet animal paraît stupide. Avec sa tête relativement petite, son long cou, il semble laid. Le balancement éternel de son corps est d'une régularité, d'une monotonie qui écœure. Aussi n'est-ce pas là qu'il faut le juger ; la captivité a sur lui le même effet que sur tous les autres êtres : elle l'abrutit. C'est lorsqu'il est libre et puissant, au milieu de ses glaces, de ses tourmentes, de ses océans, de ses fureurs, qu'il doit être étudié.

Il est terrible lorsque la colère ou la faim le pousse ; et bien des fois les explorateurs des mers arctiques (il n'habite que cet hémisphère) ont été ses victimes.

Dans la campagne d'un des plus anciens, de celui qui découvrit le Spitzberg, Guillaume Barentz (1596), ils jouèrent un grand rôle, trop souvent sanglant.

On était à l'ancre près du détroit de Waigatz, et deux

hommes de l'équipage, descendus à terre, se prome-
naient en causant, lorsque l'un d'eux se sentit brusquement saisi par derrière. Il crut à une plaisanterie d'un de
ses camarades : « Qui est là? » dit-il en riant. Son compagnon lève la tête, regarde, pâlit et se sauve : c'était un
ours...

Lorsqu'on vint au secours de l'infortuné, il était déjà
déchiré. L'ours abandonnant ses restes, se dirigea vers
les assaillants, mais ceux-ci, frappés de terreur, s'enfuirent en abandonnant un de leurs camarades qui était
tombé entre ses griffes. Ce ne fut qu'au troisième essai
qu'ils parvinrent à le tuer et à reprendre les sanglants débris de leurs compagnons.

Une autre fois, pendant l'hivernage dans les glaces, au
delà de la Nouvelle-Zélande, Barentz vit trois ours s'a-
vancer derrière les vaisseaux au moment où tout le monde
était occupé à déménager à terre tout ce qu'on pouvait.
Ce fut en vain que lui et quelques marins poussèrent de
grands cris : les ours n'en parurent nullement effrayés.
Il n'y avait plus qu'à se défendre. On trouva deux halle-
bardes : c'étaient les seules armes qui ne fussent pas déjà
sous la tente; Barentz en prit une, Girard de Veer l'autre.

Tous coururent au vaisseau. En glissant sur la glace
polie, un matelot tomba dans une crevasse, ce qui fit
trembler pour lui, car on ne doutait pas qu'il ne fût le
premier dévoré. Heureusement les ours s'acharnèrent à la
poursuite de ceux qui gagnaient le navire, et le matelot
put se relever et rejoindre Barentz et de Veer qui en-
traient par derrière dans le navire. Alors on respira, tout
le monde était à bord.

Mais les ours n'abandonnèrent pas si aisément la partie : ils cherchèrent à escalader le pont. On put d'abord
les arrêter en leur jetant des pièces de bois et divers us-

Fig. 56. — Matelots attaqués par des ours blancs. (Réduction d'une gravure, publiée par Goupil, d'après Lepoitevin.)

tensiles, sur lesquels ils se précipitaient chaque fois,. comme font les jeunes chiens ; puis ces projectiles manquèrent. Barentz, réduit à l'extrémité, écoutant son désespoir bien plus que la prudence, lança sa hallebarde contre le plus grand ours. Le hasard le favorisa et dirigea l'arme : elle vint faire une profonde blessure dans le naseau de l'animal, qui poussa un grand cri et se sauva rapidement.

Les autres le suivirent, quoique plus lentement.

Enfin, le 30 avril 1597, trois matelots ayant mangé le foie d'un ours qu'on avait tué, furent, dit de Veer, *comme morts pendant plusieurs heures.*

VITALITÉ DES OURS — CAPITAINE LEWIS — COOK — SES CHASSES

On a peine à concevoir la vitalité de ces animaux. On les frappe de plusieurs balles, on les traverse de coups de lance, n'importe, ils résistent et même longtemps ; à moins toutefois qu'on n'ait atteint le cœur ou la tête.

Frédéric Martens dit : « Quelques coups de massue que nous leur donnassions sur la tête, ils n'en étaient point du tout étourdis, quoique ces coups eussent pu assommer un bœuf. »

Le capitaine Lewis, accompagné de cinq hommes, en attaqua un. A quarante pas, quatre matelots tirèrent et le blessèrent. L'ours, sans hésiter, courut sur ses ennemis, la gueule ouverte, poussant de longs hurlements. Le capitaine et un matelot, qui n'avaient pas encore fait feu, l'ajustèrent et lui brisèrent l'épaule. Néanmoins, avant qu'on eût eu le temps de recharger, l'ours était tout près des chasseurs, qui se sauvèrent vers la barque. Quoique boiteux, leur redoutable ennemi continuait à les poursuivre.

Les rôles étaient renversés, les chasseurs étaient poursuivis par leur gibier et se disaient sans doute

> ..... qu'il ne faut jamais
> Vendre la peau de l'ours qu'on ne l'ait mis par terre.

Deux des matelots se jetèrent dans le canot; les autres se cachèrent derrière des blocs de glace et firent feu dès qu'ils le purent. Mais les nouvelles blessures de l'animal ne firent qu'augmenter sa rage... Enfin il s'approcha tellement que, perdant la tête, nos marins sautèrent dans la mer, d'une hauteur de 6 pieds. L'ours les suivit encore dans cet élément, et déjà il atteignait l'un d'eux, lorsqu'enfin il se roidit, cessa de nager et mourut.

L'autopsie montra qu'il avait reçu *huit balles*.

Quand la tête est atteinte, la mort est instantanée; mais il est difficile de toucher le point par où la balle peut pénétrer.

En 1788, Cook, voyageant sur les côtes du Spitzberg, débarqua en compagnie du chirurgien. A l'improviste, le célèbre navigateur fut attaqué par un ours qui le pressa entre ses pattes. Cook ne perdit pas son sang-froid; il cria au chirurgien de tirer; celui-ci obéit et logea une balle dans la tête du carnassier, qui aussitôt lâcha le capitaine et tomba sans vie. Il était temps!

L'ours polaire vit en grande partie de rapines : il guette du haut des montagnes de glace, et se laisse conduire par son odorat qui l'amène à coup sûr aux plages où les baleiniers ont abandonné quelques débris. S'il n'a point de phoques ou de charognes à sa portée, il pêche, dit-on, des poissons, les attrapant fort adroitement avec ses griffes et les faisant sauter hors de l'eau, à la manière des chats. Ce fait ne nous semble pas suffisamment démontré; mais, ce qui est certain, c'est qu'on a trouvé dans l'estomac de plusieurs de ces animaux des herbes marines,

« En Islande, raconte Olaüs Magnus, il y a de grands ours blancs, et fort puissans, léquels rompent la glace avec leurs ongles, et y font force trous, par léquels ils se

Fig. 37. — Ours péchant un poisson. (Fac-simile d'une gravure d'Olaüs Magnus.)

jettent en la mer, et y prennent force poissons sous la glace, qu'ils portent au bord de l'eau, et vivent de cela : et y retournent souvent quand ils ont besoing de manger, ou bien pour nourrir leurs faons, léquels ils mènent sur la glace, les dressant pour savoir pêcher un jour (fig. 37).

« Les chasseurs, ajoute-t-il, donnent aux églises cathédrales ou paroissiales les peaux de ces ours blancs, pour mettre au bas du grand-autel, de peur que le prêtre ne se morfonde aux piés en chantant la grand'messe[1]. »

Pour terminer par un peu de gaieté ce chapitre sanglant, nous reproduisons encore une figure du crédule Olaüs Magnus, et la bizarre explication qui l'accompagne :

[1] *Historia*:... (Histoire des pays septentrionaux), 1555, in-12, p. 202.

16

« Vous voyés en cette figure (fig. 58) comment les ours,
étants en un navire, montent et descendent par les cordes et rets du navire, faisans mille petits passe-tems-
léquels ne sont toutefois souvent inutiles. Car nous trou,
vons par les histoires qu'un jour un corsaire fut sauvé
et gardé d'être surpris par un sien mortel ennemi, par

Fig. 58. — Ours escaladant un navire. (Fac-simile d'une gravure
d'Olaüs Magnus.)

le moyen de ces bêtes : car venant à l'improviste, cet
autre corsaire pour surprendre le navire de son ennemi,
et voyant de loin ces ours descendans et montans, jus-
ques à la hune du navire, pensa que ce fussent gens qui
allassent là pour la défense du navire, comme c'est la
coutume en telles affaires, combien que ce ne fussent que
de jeunes ours, qui se jouaient à mont le cordage. Pourquoi tout effrayé et pensant que son entreprise fut découverte s'en retourna sans parachever son emprise. C'est
toutefois un beau spectacle lorsqu'ils regardent en la mer,
et qu'une grande troupe de veaux marins accourent pour
les voir, comme tout étonnés[1]. »

[1] Olaüs Magnus, *loc. cit*, p. 207.

PARTI QU'ON TIRE DE L'OURS POLAIRE — CHASSE A L'OURS PAR LES ES-
QUIMAUX — CET OURS N'EST PAS APPRIVOISABLE — AVENTURE D'UN
OURS CURIEUX ET D'UN MATELOT VANTARD.

On tire peu parti de l'ours : son foie semble malsain ;
les préjugés, si fortement enracinés chez les marins, leur
font croire que lorsqu'on mange sa chair, les cheveux
deviennent gris. « Peut-être cette opinion est-elle mal
fondée, » dit naïvement un vieil auteur ; mais en attendant les matelots refusent d'y goûter. La graisse seule est
utilisée.

On met cuire ensemble la graisse et la chair dans une
grande chaudière ; la graisse se sépare d'elle-même, et on
peut la recueillir aisément: Puis on la purifie en la faisant refondre et y jetant du sel et de l'eau pas aspersion.

Il se produit une détonation et beaucoup de fumée,
mais la graisse perd toute mauvaise odeur. On la laisse
reposer, et au bout de quelques jours, surnage une huile
limpide qui peut servir aux mêmes usages que l'huile
d'olive ; au-dessous est un saindoux analogue à celui du
porc.

Les Esquimaux du Groënland et de l'Amérique russe
leur font une chasse active pour vendre cette graisse et
cette huile. La première s'emploie dans les pharmacies ;
la seconde remplace avantageusement l'huile de baleine
pour l'éclairage dans nos pays, et sert à l'assaisonnement
de la nourriture dans les contrées froides. On dit que ces
chasseurs les prennent dans leur gîte d'hiver, alors qu'il
sont engourdis par le froid, et les assomment sans qu'ils
aient pu se défendre.

Les ours blancs ne peuvent s'apprivoiser. Jamais ils ne
reconnaissent leur gardien, et surtout ils ne se familiari-

sent pas avec lui comme le font les autres carnivores.
Cependant, en captivité, ils vivent bien, mangent ce que
l'on veut, se contentent de pain au besoin, quoiqu'ils préfèrent la viande, baignent fréquemment, surtout l'été, et ne
cessent de se dandiner, presque toujours assis sur leurs
pattes.

Il y a quelques années qu'étant à Londres, nous vîmes
l'ours blanc du Jardin zoologique. On a eu l'heureuse idée
de mettre au centre de sa cage (il est dans une grande
cage, comme celle des singes à Paris, et non dans une
fosse), un vaste bassin avec un jet d'eau. Pendant les
grandes chaleurs, on verse dans ce réservoir des hottes
de glace ; pour le nourrir, on lui donne des poissons gâtés. .
A l'aide de ces soins, on l'entoure d'un milieu factice bien
plus en rapport avec ses besoins qu'à Paris ; aussi est-il
mille fois plus vif, plus beau, plus alerte. Il n'a pas l'air,
comme le nôtre, d'un des pensionnaires du dompteur Batty.

En 1812, une mère ours avait été tuée par les matelots
de Scoresby, et on avait pris les deux petits vivants. Ils se
réconcilièrent quelque peu avec les marins, et on put
quelquefois les laisser errer sur le pont.

A quelques jours de là, le vaisseau étant à l'ancre près
d'un banc de glace, on attacha une corde au cou d'un
des oursons, et le tenant ainsi en laisse, on le lança par-
dessus le bord. L'animal gagna le banc de glace, grimpa
dessus, et s'efforça de se dégager à l'aide de ses pattes.
N'y pouvant parvenir, il revint sur le bord, puis se mit à
courir aussi vite que possible en tournant le dos au vaisseau, donnant ainsi une rude secousse à la corde ; mais
elle tint bon. Il répéta plusieurs fois la même manœuvre,
marquant l'insuccès de ses tentatives par ses grogne-
ments ; puis, désespérant de réussir, se coucha sur la
glace, silencieux et dompté.

Malgré son humeur farouche, cet animal est curieux. Il s'arrête volontiers pour examiner la moindre chose. Il mord tout ce qu'il trouve, quitte à se casser les dents. Lorsqu'il entre dans une cabane, comme cela arriva il y a quelques années chez des chasseurs du Labrador, il brise tout. Il pilla la provision de lard, il emporta la farine, et déroba... devinez quoi?... une tasse de fer-blanc, un paletot et une paire de bottes !

Un navire baleinier était amarré à un bloc de glace sur les côtes du Groënland. Non loin de là, on voyait un ours énorme à l'affût des phoques. Un matelot, quelque peu exalté par une bonne dose de rhum, voulut aller le combattre, malgré les conseils de ses camarades. Armé seulement d'un harpon, il partit, et après une course fatigante dans les neiges, arriva, au bout d'une demi-heure, devant l'ennemi. L'exaltation était tombée, le matelot était maintenant de sang-froid et commençait à réfléchir sur son escapade. L'ours était grand et attendait de pied ferme... Que faire ? renoncer : il serait l'objet des railleries de ses amis et on le traiterait de poltron. Attaquer : l'ours avait l'air bien fort et l'issue de la lutte était au moins douteuse... Cependant la vanité parla plus haut que la crainte, et il s'apprêtait à commencer le combat, lorsque l'ours, beaucoup moins inquiet que son adversaire, prit l'initiative et s'avança vers lui. Cette fois, il n'y eut plus de honte qui tînt : avant tout, la vie ; et il se sauva à toutes jambes. L'ours le poursuivit, et plus aguerri que lui à la course sur ce terrain glissant, gagnait rapidement sur l'imprudent matelot. A quoi bon un lourd harpon, lorsqu'on ne veut que fuir avec toute la légèreté possible? Notre homme jeta son arme. L'ours l'aperçut et s'arrêta, la flaira, la retourna, la mordit et perdit ainsi quelques minutes ; puis il reprit sa course et bientôt rattrapa l'avantage perdu. Le matelot cherchait tous les moyens de distraire et de retarder son ennemi ; successivement il lui jeta une mitaine, puis l'autre, puis son chapeau, et chaque fois l'ours s'arrêtait pour palper et inventorier ; mais sa fureur augmentait à chaque nouvelle déception ; l'équipage, voyant que la comédie devenait par trop dangereuse, intervint ; [et l'ours, blessé, s'empressa de faire une honorable retraite.

LA MÉNAGERIE DE PROTÉE

LE CHEVAL MARIN — LES PHOQUES

Si l'ignorance des voyageurs leur fait souvent voir des choses extraordinaires là où il n'y a rien que de naturel, d'un autre côté, cette même absence de rectitude dans les jugements, cette même pauvreté de points de comparaison, les entraîne parfois dans l'erreur inverse en les portant à rapprocher des êtres bien différents. Certains hommes veulent que tout ce qu'ils ont vu soit unique, inouï, incroyable, et que tout le monde porte envie à leurs rares connaissances; d'autres ne veulent jamais consentir à voir rien d'étonnant ni de nouveau, persuadés que rien dans la nature ne peut être secret pour eux et qu'ils se déshonoreraient en montrant de l'étonnement. La vanité pousse ceux-là à exagérer, l'amour-propre engage ceux-ci à rapetisser, l'étroitesse d'esprit les rend tous incapables de bien observer.

C'est ainsi qu'établissant, sur de bien lointaines et bien superficielles analogies, des rapprochements entre les mammifères velus marins et terrestres, l'imagination des anciens peupla la mer de chevaux, de vaches, de veaux, de béliers, d'éléphants, de lions, de chiens. On se souvient des légendes sur les pasteurs Protée, Nérée, Glaucus, conduisant et faisant paître les troupeaux aquatiques de Neptune! On se rappelle ces bas-reliefs, ces statuettes qui représentent le char du dieu marin attelé de monstres moitié chevaux, moitié poissons.

Tel était cependant le peu de solidité des observations sur lesquelles on fonda l'idée des chevaux et des béliers marins, que la critique si habile de nos savants n'a pu réussir à découvrir quels animaux réels pourraient bien cacher ces fables!

Aujourd'hui c'est un tout petit poisson de nos côtes, l'*hippocampe*, qu'on désigne sous le nom de cheval de mer. Si la forme de sa tête, son encolure, ses yeux ronds, son port vertical habituel, ses branchies enfin, flottant sous forme de filaments le long de son cou, comme une crinière, suffisent largement à justifier ce surnom, rien de sérieux ne porte à croire que ce soit cette faible bestiole qu'aient eue en vue les poëtes de l'antiquité.

On a aussi, il est vrai, désigné parfois sous ce nom le morse; mais, si les Romains ont connu cet amphibie (ce qui est loin d'être prouvé, puisqu'il ne vit absolument qu'aux pôles), il est bien plus probable que c'est de lui que parle Pline, sous l'épithète d'*éléphant marin*.

C'est dans une même classe de mammifères, celle que Cuvier désigna par le mot si impropre d'*amphibie*, applicable à bien d'autres êtres, et qu'on nomme aujourd'hui bien plus justement *pinnipèdes*[1], qu'on trouve tous les animaux dont nous parlons, c'est-à-dire les phoques et les morses.

---

[1] Du latin *pinna*, nageoire, et *pes*, pied, parce qu'ils n'ont pas de pattes apparentes, mai seulement des pieds sans doigts modifiés en nageoires.

Du reste, pour les premiers, on fit mieux que de les assimiler au lion, au veau, au loup, à l'ours; on les confondit avec les hommes, et, comme nous le montrerons plus loin, les voyageurs les prirent pour des sirènes et des tritons.

L'ÉLÉPHANT DE MER

C'est le *morse* (*trichecus rosmarus*) que les marins appellent ainsi en raison des deux grandes défenses d'ivoire qui sortent de sa mâchoire supérieure et de la conformation générale de sa tête qui ressemblerait parfaitement à celle de l'éléphant si elle n'était dépourvue de trompe.

Son corps est allongé, renflé par la partie de l'avant, étroit vers celle de l'arrière, partout couvert d'un poil court et de différentes couleurs. Les bras et les jambes sont enfermés sous la peau, et il n'en sort que les deux mains et les deux pieds ; encore sont-ils enveloppés dans une membrane, et terminés seulement par des ongles courts et pointus. De grosses soies en forme de moustaches environnent la gueule ; la langue est échancrée, les pieds sont rapprochés dans l'alignement du corps ; enfin les dents incisives manquent, et les défenses, recourbées en arrière, ont jusqu'à 1 mètre de long, sont creuses à la racine, et sont faites d'un ivoire admirable.

« En la côte de Norwége, écrit Olaüs Magnus, que nous avons déjà cité souvent, tirant au septentrion, il y a de gros et énormes poissons, de la grandeur d'un éléphant, appelés *rosmars* ou *mors*, léquels ont par aventure été ainsi dits, parce qu'ils mordent rudement ; car si, par fortune, ils voyent un homme sur le bord dé la mer, et le peuvent attraper, ils se jettent dessus, et ne cessent qu'ils ne l'ayent étranglé à belles dents... Ils montent jusque sur

le haut des rochers, se servants de leurs dents, comme
d'échelles, pour se paître de l'herbe pleine de rosée : puis
se roulants, retombent en la mer. Quelquefois ils s'endor-
ment sur le penchant des rochers, et lors les pêcheurs ne
sont paresseux à leur lever le lard le long de la queue et

Fig. 59. — Morse.

à y attacher de grosses et fortes cordes, qu'ils font tenir
aux pierres du rocher ou aux prochains arbres; puis leur
tirant des pierres à coups de fronde, ils les éveillent, et
contraignent de se retirer dans l'eau, abandonnant la plus-
part de leur peau. Par ce moyen, ils meurent et en font les
pêcheurs un grand profit, mêmement des dents. »

En effet, le Sarmate Michowitz et Paul Jove nous apprennent que dès cette époque elles étaient très-recherchées
par les Moscovites, les Tartares, les Scythes, qui en faisaient de belles et solides poignées pour leurs dagues et
leurs épées.

De notre temps, les chasseurs font de vrais massacres
de ces animaux pour s'emparer de leurs dépouilles. Lents
dans leurs mouvements alors qu'à l'aide de leurs défenses

ils sont parvenus à se hisser à terre, ils se laissent aisément approcher et assommer[1]. Ce n'est pourtant pas qu'ils manquent de courage, et lorsqu'on les attaque dans l'eau, ils se défendent avec vigueur, s'efforcent de percer, de défoncer la barque qui les poursuit. Souvent, se suspendant plusieurs à l'un des bords, ils parviennent à la faire chavirer. Frédéric Martens raconte qu'un chasseur fut une fois enlevé de son banc et jeté à la mer par un morse qui était parvenu à le saisir par la ceinture avec ses défenses.

Les morses vivent en troupes, dans les mers froides, où ils étaient autrefois extrêmement nombreux. Aujourd'hui les chasses que leur font les baleiniers en ont détruit la plupart et ceux qui restent, effarouchés, devenus sauvages de confiants qu'ils étaient, cherchent à échapper à leurs ennemis en s'enfonçant parmi les fiords les plus reculés qui frangent les glaces du pôle.

Cependant ils peuvent vivre dans un climat tempéré et Évrard Worst, cité par Buffon, vit en Angleterre un jeune morse élevé en captivité. On ne le laissait dans l'eau qu'un court espace de temps chaque jour ; le reste de la journée il se traînait et rampait sur la terre. Cet animal grondait

[1] Si le climat du sud de la Chine permettait au morse de vivre dans les eaux de Canton, nous croirions que la vue d'un de ces amphibies, dont on pourrait prendre, à la rigueur, les dents pour des cornes, a donné lieu à la fable suivante :

« On voit dans la province de Quantung un certain poisson qu'on appelle *vache qui nage*. Cette bête sort quelquefois de son élément, et s'en va avec les autres vaches pour combattre avec, et pour leur donner des coups de corne, de la même façon que si elle avait demeuré toujours avec elles, et n'avait jamais fait d'autre métier ; mais parce qu'il arrive que cet animal perd la dureté de ses cornes, quelque temps après qu'il a demeuré sur la terre, il est obligé de s'en aller dans l'eau pour recouvrer ce qu'il avait perdu et redonner à ces mêmes cornes la dureté que l'air leur avait ôtée. » (P. Kircher, *la Chine illustrée* (1667), p. 271.)

comme un sanglier et se mettait en fureur lorsqu'on le touchait. On le nourrissait de bouillie d'avoine et de miel, qu'il suçait lentement plutôt qu'il ne la mangeait. Il était originaire de la Nouvelle-Zemble.

LE LION MARIN

Le lion marin (*phora jubata*), ou *otarie à crinière*, est le plus grand des phoques. Il atteint 5 et 6 mètres et même plus de longueur. On peut en voir d'assez beaux individus empaillés, au Muséum.

On a rencontré ces animaux sur les côtes de Magellan, au Kamtchatka, dans l'ile de Behring, en un mot, dans les deux hémisphères, vivant par grandes familles composées ordinairement d'un mâle adulte, de dix à douze femelles et de quinze à vingt jeunes, des deux sexes.

> Le rare et vert gazon qui croit au bord des eaux
> Des lions d'Amphitrite attire les troupeaux.

a dit Castel.

Le lion marin diffère de tous les autres animaux de la mer par un caractère qui lui a valu son surnom et qui lui donne en effet quelque ressemblance extérieure avec le lion terrestre : c'est une crinière de poils épais, ondoyants, longs de 2 à 3 pouces et de couleur jaune foncé, qui s'étend sur le front, les joues, le cou et la poitrine ; cette crinière se hérisse lorsqu'il est irrité et lui donne un air menaçant. La femelle en est dépourvue. Le reste du poil est fauve.

Bien moins courageux que les morses, il fuit, en gémissant et sans chercher à lui résister, l'homme qui l'attaque avec un simple bâton. « Comme ces animaux sont puissants, massifs et très-forts, c'est une espèce de gloire

parmi les Kamtchatdales que de tuer un lion marin mâle ;
l'homme dans l'état de nature fait plus de cas que nous du
courage personnel ; ces sauvages, excités par cette idée de
gloire, s'exposent au plus grand péril ; ils vont chercher
les lions marins en errant plusieurs jours de suite sur les
flots de la mer, sans autre boussole que le soleil et la
lune ; ordinairement ils les assomment à coups de perche,
et quelquefois ils leur lancent des flèches empoisonnées
qui les font mourir en moins de vingt-quatre heures, ou
bien ils les prennent vivants avec des cordes de liane dont
ils leur embarrassent les pieds. » (Buffon.)

Quoique d'un naturel brute et sauvage, il paraît qu'à la
longue ils se familiarisent avec l'homme, et qu'en les trai-
tant bien on peut les apprivoiser. Ils se livrent entre eux
de longs et violents combats et souvent le corps des mâles
porte de nombreuses et grandes cicatrices. La possession
d'une femelle, d'un rocher, tels sont ordinairement les
mobiles de leurs luttes.

Qu'on nous permette de terminer cette notice sur le lion
marin par la citation d'un passage étrange dans lequel
Rondelet décrit sous le nom de « monstre léonin de mer »,
un animal fantastique, appuyant son dire par une gravure
bien digne du fac-simile [1]. Ce passage est fort curieux en
ce qu'il montre la sagacité du naturaliste français, qui,
sans se laisser trop influencer par la crédulité de ses con-
temporains et leur amour du merveilleux, cherche à dé-
mêler la vérité sur cet animal et relève parfaitement les
caractères incompatibles entre eux que le peintre lui a
donnés :

« Le monstre ici pourtrait est parfait animal n'ayant
aucunes parties propres pour nager. Parquoi j'ai souvent

---

[1] Rondelet, *Histoire des poissons* (1554), p. 561.

douté si c'estoit monstre marin, mais on m'asseura à Rome qu'un tel fut pris en la mer non guère avant la mort du pape Paule III, et comme on le m'a baillé par asseurance, ainsi l'ai-je faict pourtraire. C'est qu'il estoit de la figure et grandeur d'un lion avec quatre piés non imparfaits, non joints de peaux entre deux doits comme le lièvre, ou le canard de rivière, ains (*mais*) parfaits, divi-

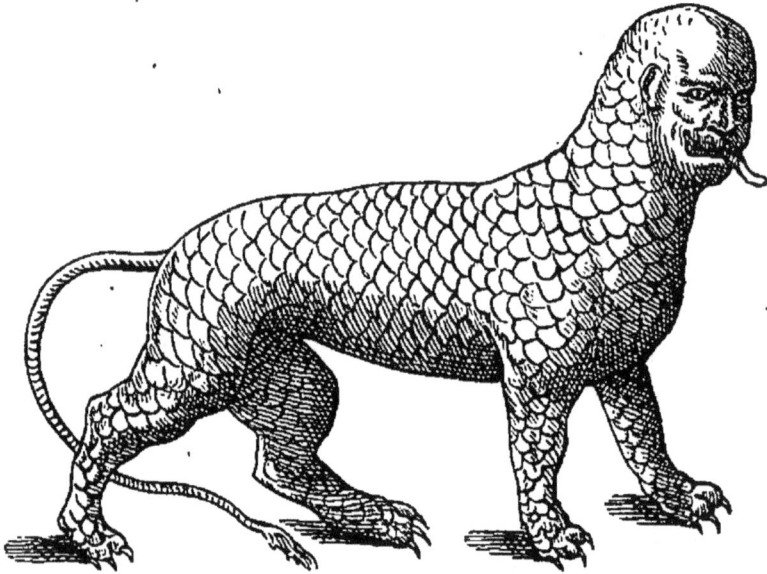

Fig. 40. —'Monstre léonin de mer. (Fac-simile d'une gravure de Rondelet.)

sés en doits garnis d'ongles, la queue longue garnie de poils au bout, les oreilles grandes, les écailles par tout le corps. Il ne vesquit pas longtemps hors de son lieu naturel. Encore que cette description m'ait été baillée par gens de sçavoir, et dignes de foi, si est ce que je pense que le peintre y ait adjousté quelque chose du sien, et qu'il a osté du naturel, comme ces pieds sont trop plus longs qu'ils ne sont aux bestes marines, il peut avoir oublié la peu d'entre les doits des pieds. Les oreilles grandes sont contre la nature des aquatiles, les écailles sont au

lieu de la peau aspre et rude comme celle de laquelle
sont couverts les pieds des tortues de mer, et les aeles;
car toutes bestes qui respirent par les poumons et qui
sont soustenues d'os, n'ont point d'écailles. En plusieurs
autres monstres et bestes marines, les peintres y adjoutent
et ostent beaucoup comme on peut voir aux baleines,
peintes aux chartes septentrionales, en la *Cosmographie*
de Munster; comme 'on peut voir aussi au veau de mer,
en l'épaulard, en la senedette, en la scolopendre cétacée,
et autres. »

XV

LES SIRÈNES

De tous les mythes que nous a légués l'antiquité, le plus célèbre, à coup sûr, est celui des sirènes.

D'abord fort mal définie chez les Grecs, cette conception mythologique se transforme, prend corps, et par suite des rapprochements et des erreurs faites par des marins fort ignorants de leur religion, passe des cieux à la mer, de l'allégorie à l'histoire naturelle.

Cependant au commencement de l'ère chrétienne, les naturalistes, Pline entre autres, refusent de croire aux tritons et aux sirènes et cherchent les animaux qui ont causé de pareilles illusions.

Mais le moyen âge aimait trop passionnément les fables pour négliger celle-ci. Il s'en empare, écarte tout ce qui pouvait éclairer la question, et tous les peuples occidentaux se créent une sirène, une ondine. En France, c'est la *seraine*; en Écosse, la *dame blanche;* en Allemagne, la *nix;* en Néerlande, la *merminne* ou *neck.*

Aujourd'hui encore, les pêcheurs hollandais ont gardé

17

ces superstitions, et au commencement du siècle, la bourgeoisie de la Flandre et des Pays-Bas les admettait sans sourciller.

Les sirènes méritent donc bien de nous arrêter quelques instants, et nous allons reprendre plus en détail chacune des phases de leur histoire légendaire, puis nous décrirons les animaux réels qui ont pu donner lieu à ces rêveries.

LES GRECS — LES ROMAINS — OCÉANIDES — NYMPHES — SIRÈNES TRITONS

Dans l'ancienne mythologie , l'Océan était personnifié. Il était fils du Ciel et de la Terre. C'était le premier des Titans et le seul qui n'eût pas pris part à la révolte de Saturne.

Comme toutes les divinités grecques, Saturne a une origine aryenne : c'est l'Indra des Hindous. Mais comme les Aryens, habitants des hauts plateaux de l'Asie, ne connaissaient pas la mer, ils ne transmirent à leurs descendants aucune notion sur l'Océan, et ce furent sans doute les Phéniciens qui introduisirent ce nouveau culte.

Dans un très-érudit *Dictionnaire d'Hésiode*, encore inédit, dû à notre savant ami M. André Lefèvre, nous trouvons une curieuse description de la mer, telle que la concevaient les anciens, et nous ne pouvons résister au plaisir de la rapporter, afin de faire bien saisir la différence que mettaient les anciens entre les mers intérieures et l'Océan extérieur.

« Les neuf dixièmes des eaux de l'Océan, dit Hésiode, coulant sous terre à travers la nuit, tombent en tourbillons d'argent dans le lit des ondes, autour de la terre et sur le vaste dos des mers (intérieures). Un dixième seulement, au grand dommage des dieux, s'échappant d'une pierre élevée, forme l'eau du Styx, sur lequel jurent les immortels. »

L'Océan épousa sa sœur, Téthys, qu'il faut bien se garder de confondre avec sa petite-fille Thétis, mère d'Achille; il en eut d'innombrables enfants, desquels étaient Nérée, Achéloüs, Doris et les Océanides, qui, au nombre de trois mille, peuplèrent les mers (extérieures), la terre et l'onde.

De l'union de Nérée et de sa sœur Doris, aux beaux cheveux, naquirent les *Néréides*. Il y en avait cinquante, qui, chacune, avait sa mission spéciale. Cymodaré recevait les vagues et, aidée de la belle Amphitrite, calmait les flots tumultueux. Plusieurs, dit M. André Lefèvre, furent mères de héros. Ainsi Éaque est fils de Psamothée, Achille de Thétis, Anchise et Énée d'Aphrodite, Géryon de Callirhoé, et enfin les *Tritons* étaient enfants d'Amphitrite et de Neptune.

Les *Néréides*, ou nymphes de la Méditerranée et de la mer Noire, étaient ordinairement représentées sous la forme de belles jeunes filles nues ou demi-nues. Une peinture de Pompéi en montre une, tenant une coupe dans laquelle elle abreuve un monstre marin.

Plus tard, les poëtes répandirent l'idée qu'elles se terminaient, non par des jambes de femme, mais par une queue de poisson.

Enfin les derniers auteurs romains prétendaient qu'elles avaient des cheveux glauques, c'est-à-dire vert de mer.

Le frère de Nérée et de Doris, Achéloüs, s'était aussi marié. Il avait pris pour compagne la muse de l'éloquence et de la poésie lyrique, Calliope, qui lui donna trois filles, les *sirènes*.

Ces trois filles, Leucosis, Ligée et Parthénope, c'est-à-dire Blanche, Harmonieuse et Œil de vierge, attirèrent sur elles la fureur de Cérès en assistant indifférentes à l'enlèvement de Proserpine, et la déesse, pour se venger, les métamorphosa en monstres moitié femmes, moitié oiseaux.

Les malheureuses sirènes s'enfuirent désespérées et se réfugièrent dans les îlots situés entre la Sicile et l'Italie.

Un fatal oracle les condamnait à mourir lorsqu'un homme passerait devant elles sans s'arrêter ; aussi s'efforçaient-elles d'attirer les navigateurs par les chants les plus harmonieux, la musique la plus suave, accompagnant et mariant leurs voix aux doux accents de la lyre et de la double flûte.

Vers l'année 1265 avant notre ère, l'élite des héros de la Grèce, Thésée, Hercule, Jason, Castor, Pollux, Esculape, Lyncée, Orphée, etc., s'embarquaient en Thessalie. Tout le monde a présent à l'esprit l'expédition des *Argonautes*, à la recherche de la Toison d'or ; nous ne parlons donc de ce voyage que pour rappeler que les navigateurs passèrent près des îles qu'habitaient les sirènes. Naturellement, elles s'avancèrent pour les séduire, les attirer et les dévorer. Mais Orphée élevant aussitôt la voix, elles-mêmes furent contraintes de se taire pour écouter ses chants avec ravissement, et laissèrent passer le vaisseau *Argo* [1].

Cependant elles ne périrent pas cette fois encore ; mais quelque temps après, Ulysse, revenant à Ithaque, eut l'idée d'annuler les effets de leurs enchantements en bou-

---

[1] Il paraît vraisemblable que ce voyage célèbre eut lieu réellement, et que les Argonautes avaient pour but de s'emparer des mines d'or de l'Oural, dont les habitants de la Colchide cachaient soigneusement l'emplacement. Ces mines furent, en effet, connues des anciens. Elles ont été retrouvées.

chant les oreilles de tous ses compagnons avec de la cire et se faisant attacher lui-même au pied du mât.

Les sirènes, désespérées, se précipitèrent dans la mer et furent métamorphosées en rochers. Suivant certaines traditions, le corps de l'une d'elles, Parthénope, fut rejeté par les flots à l'endroit où est maintenant Naples.

On voit que les sirènes de l'antiquité ne ressemblent guère aux peintures modernes. Ce ne fut que bien plus tard, que, par suite de l'ignorance des sculpteurs, des peintres et des romanciers, on fondit ensemble les caractères des Néréides et de ces monstres; on allia au corps moitié femme, moitié poisson, et aux cheveux verts des Néréides, les talents musicaux et les instincts cruels et perfides des sirènes, et on baptisa le tout du nom de ces dernières.

Pline n'admet ni l'une ni l'autre des deux formes de sirènes. « Je ne crois pas aux sirènes, dit-il dans son livre sur les oiseaux; quoique Dinon, père de Cléarque, auteur célèbre, affirme qu'elles existent dans l'Inde et qu'elles séduisent les hommes par leurs chants, afin de les mettre en pièces lorsqu'ils sont endormis. »

Autre part, il déclare que les sirènes aquatiques sont de vrais poissons qui ne rappellent que vaguement nos traits, et qu'on en prit plusieurs sur les côtes de la Gaule.

Les *Tritons*, fils de Neptune et de la néréide Amphitrite, subirent les mêmes altérations que les Néréides. D'abord regardés comme des hommes marins, ils furent ensuite décrits comme des monstres à queue de poisson, à cheveux et barbe longs et couleur de la mer.

Pausanias raconte que les Tritons avaient conçu, on ne sait trop pourquoi, une grande haine contre les habitants de Tanagrie. Ceux-ci, du reste, le leur rendaient bien et parvinrent plus d'une fois à l'emporter sur leurs ennemis.

Un certain Triton avait l'habitude de sortir chaque nuit des flots pour venir voler les bestiaux des Tanagréens, et toutes leurs tentatives pour le prendre et le tuer avaient été infructueuses. Ils eurent l'idée de placer un soir un grand vase plein de vin sur le faîte d'une colline très-escarpée. Le soir venu, le Triton vint rôder selon son habitude et aperçut le vase : « Qu'est ceci ? » dit-il, et il but, se grisa, puis s'endormit sur la pente rapide. Pendant son sommeil, il roula jusqu'au bas, et les Tanagréens étant accourus, se vengèrent en le décapitant.

Pausanias était plus crédule que Pline, lorsqu'il décrivait les Tritons qui, disait-il, avaient une chevelure d'herbes aquatiques, le corps couvert d'écailles petites et dures, des ouïes derrière l'oreille, un nez ordinaire, une bouche largement fendue, des dents comme les nôtres, des yeux verts, des mains étroites, semblables à des coquilles bivalves, et les jambes en queue de dauphin !

Avec un tel signalement, cher lecteur, si jamais vous rencontrez un Triton, vous êtes bien sûr de le reconnaître.

LES MYTHES ANALOGUES EN ORIENT

La tradition des sirènes, sous ses deux formes, n'est nullement propre à nos pays. Quoique moins répandue, on en trouve aussi des traces chez les Orientaux.

Par exemple, Alkazuin nous apprend que les Arabes croient qu'il existe une sorte d'hommes qui sont sans cesse montés sur des autruches, avec lesquelles ils semblent faire corps ; qu'ils habitent diverses îles et dévorent les noyés que les flots leur amènent.

D'autres monstres, appelés en arabe Abou-Muzaina, c'est-à-dire « *Pères de la belle,* » fréquentent les environs de Rosette et d'Alexandrie. Ces animaux habitent la mer, mais en sortent parfois pour venir se promener sur terre, plusieurs ensemble. Ils sont semblables à des hommes velus et bien faits.

Un jour, on en captura une centaine; mais ils poussèrent de tels gémissements que les chasseurs attendris les relâchèrent.

Un autre animal du même pays s'appelle le *Vieillard marin;* il se rencontre près de Damas. Sa vue présage aux Syriens une bonne récolte. Il parle une langue qu'on ne comprend pas. Son buste porte une queue.

On en prit un qui était sorti des flots, et on le maria. Il eut un fils qui parlait indifféremment la langue paternelle ou maternelle.

Le *Vieux juif* a une barbe blanche, son poil est semblable à celui du bœuf; sa taille est celle d'un veau. La nuit qui précède le samedi, il se montre à la surface de la Méditerranée et reste jusqu'au samedi soir, sautant, plongeant, jouant, suivant les navires.

Un auteur arabe dont le nom semble assez baroque à nos oreilles françaises, *Ibnola-Bialsaths,* affirme que, dé son temps, les marins pêchaient souvent dans les mers de la Grèce des filles aquatiques au teint foncé et aux yeux noirs, qu'elles parlaient un langage inintelligible et poussaient de joyeux éclats de rire. Après les avoir caressées, les matelots les rejetaient à l'eau.

Ceci nous rappelle une amusante anecdote qu'un de nos parents, un Flamand, M. F. Beasens, qui fit quelques campagnes sur un bâtiment belge, nous a racontée et qu'il tenait du second de son navire. Elle se passe dans les mêmes parages. Je le laisse parler.

« Ce devait être à Alexandrie, sur le fleuve ; par suite du naufrage du brick belge *Vierge-Marie*, mon second servait (il y a de cela vingt-cinq ans), à bord d'un navire grec.

« Les matelots grecs étaient une fois de belle humeur, savez-vous ? ils avaient pris et ramené à bord une *sirène*.

« C'était un animal ayant le haut du corps comme une femme, des cheveux comme de l'étoupe, ou à peu près, des bras semblables aux nôtres, en supposant qu'on les ait coupés au-dessus du coude ; le bas du corps de cet animal avait la forme d'une queue de poisson ; mais lorsqu'il était seul sur le pont, ou croyait être seul, cette queue se divisait en une infinité de petites pattes, au moyen desquelles il se mouvait tout debout.

« Le second aurait beaucoup aimé conserver la sirène ; mais le lendemain les Grecs, encore de meilleure humeur (cette fois-ci ils étaient gris pour de bon), vous prennent deux bûches et se mettent à battre la sirène comme un véritable stockfisch [1].

« La pauvre bête poussait des cris comme ceux d'un jeune enfant.

« Après l'avoir bien battue, on la fit cuire, et on mangea la malheureuse sirène...

« Quant à mon second, il périt une fois, savez-vous ? il y a dix ans, en revenant à bord avec un *morceau dans son collet* [2]. »

---

[1] *Stockfisch*, poisson sec. — Cette expression correspond à : battre comme plâtre.

[2] Ivre.

LES SEREINES DU MOYEN AGE

Au moyen âge, les auteurs se complaisaient à citer tous les exemples de rencontres avec des sirènes, ou, comme on disait alors, *seraines*.

Remarquons en passant que c'est de ce mot que vient le nom du *serin*, qui lui fut décerné à cause de son chant.

Théodore de Gaza vit, dans le Péloponèse, plusieurs sirènes échouées sur le sable. Il en remit une à l'eau, et aussitôt elle se sauva.

Georges de Trébizonde aperçut en pleine mer une femme sortie de l'eau jusqu'à la ceinture, et plongeant de temps en temps.

Jules Scaliger avait entendu deux des domestiques épirotes de son père assurer qu'ils avaient rencontré chacun un triton. Un autre homme, Constantin Palæocapus, lui fit un semblable récit.

Un Valençais, Valério Tesiro, lui raconta qu'un triton ayant été pris en Espagne, on le rejeta dans l'onde sur la prière d'un ambassadeur.

Gyllius soutient qu'en Dalmatie on prend des hommes marins dont la peau est si dure qu'on en fait des semelles de souliers très-solides.

• Nous pourrions continuer ainsi pendant cinquante pages. Comme on le voit, ce sont là des assertions sans aucun intérêt scientifique, car pas une n'est accompagnée d'une description.

Mais nos pères n'étaient pas si difficiles, et ils se contentaient de ces allégations sans chercher à les contrôler.

Ils fondaient là-dessus toutes sortes de préceptes à l'usage des marins.

Pour se débarrasser des sirènes, il faut, selon Vincent de Beauvais, lancer à la mer des bouteilles vides : les sirènes s'amusent à courir après et pendant ce temps on se sauve.

Mieux vaut encore éviter de les entendre, et on doit pour cela « se faire estoper » (étouper) les oreilles, comme une voie d'eau dans un navire !

Les poëtes ne pouvaient manquer de les célébrer :

> Car des ceintures en amont
> Est la plus bele riens (*chose*) del mont (*monde*) :
> En guise de femme formée
> L'autre partie est formée,
> Comme poisson et comme oisel.

On allait jusqu'à affirmer, d'après Hésiode, qu'elles vivaient 291,600 ans, pas un jour de plus ni de moins !

Le premier bâtiment anglais qui mit à la voile pour tenter de parvenir jusqu'aux Indes, aux terres fantastiques du Cathay, fut *la Bonne-Espérance*, qui partit en 1522. Cabot, grand pilote, rédigea de curieuses instructions pour ce voyage.

Il recommande de célébrer matin et soir deux prières publiques, de proscrire rigoureusement toutes les inventions du démon, telles que les dés, les cartes, les dames, etc. A côté de ces articles, il en est bien quelques-uns d'une moralité plus douteuse. Par exemple il enjoint « d'attirer à bord tous les indigènes des terres étrangères, et de les enivrer de bière et de vin, pour arriver à connaître les secrets de leurs cœurs. » L'instruction se termine par une recommandation à tous les voyageurs, « de bien se garer des artifices de certaines créatures qui, avec des têtes d'hommes et des queues de poissons, nagent armées d'arcs et de flèches dans les fiords et les baies, et vivent de chair humaine. »

L'enchaînement des idées nous a entraînés en plein seizième siècle. Revenons un peu en arrière.

Dans la *Chronique islandaise*, écrite en 1215 par Storlaformus, il est parlé de deux monstres qui sont même décrits, chose alors rare, assez soigneusement. Le premier a été appelé par les Norwégiens *Haffstramb* ; ils l'ont vu de la ceinture en haut au-dessus de l'eau : « Il est semblable à un homme, du col, de la tête, du visage, du nez et de la bouche : si ce n'est que la tête était extraordinairement élevée et pointue en haut. Il avait les épaules larges, et aux bouts de ses épaules deux tronçons de bras, sans mains. Le corps était effilé en bas, et l'on n'a jamais vu comment il était formé au-dessous de la ceinture. Son regard était de glace. Il y a eu de grands orages toutes les fois que ce fantôme a paru sur l'eau. » Le second monstre a été appelé *Masguguer*. « Il était formé jusqu'à la ceinture comme le corps d'une femme. Il avait de gros seins, la chevelure éparse, de grosses mains au bout de ses tronçons de bras, et de longs doigts attachés ensemble, comme le sont les pieds d'un oye. On l'a vu tenant des poissons dans ses mains et les mangeant, et ce fantôme a toujours précédé quelque grand orage. Si le fantôme se plongeait dans l'eau le visage tourné vers les matelots, c'était signe qu'ils ne feraient pas naufrage. S'il leur tournait le dos, ils étaient perdus. »

Le *Haffstramb* est évidemment le phoque que l'on a depuis désigné sous le nom de poisson-évêque, à cause de la forme pointue de sa tête qu'on a comparée à une mitre :

La terre n'a évesque seulement.
Qui sont par baille (*qui brillent*) en grand honneur et titre ;
L'évesque croit en mer semblablement.
Ne parlant point, combien (*quoique*) il porte mitre.

Cependant, dès cette époque, les auteurs n'étaient pas bien d'accord sur la créance qu'ils devaient accorder à ce mythe.

Les plus sérieux disaient, avec le célébre encyclopédiste Brunetto Latini, que les sirènes étaient des êtres symboliques, dont l'histoire rappelait sans doute les tristes victoires de trois « meretrix » ou « foles femmes, » ou bien faisait allusion à des serpents blancs, très-venimeux, « qu'on nomme ainsi en Arabie. »

Mais d'autres, comme Schott[1], admettent et reproduisent la *pourtraicture* des tritons (fig. 41).

Aucun, cependant, ne soupçonne la vérité, c'est-à-dire l'identité de ces monstres et des phoques.

C'est surtout dans les *bestiaires* qu'on trouve le résumé des croyances et des légendes populaires de ce temps.

Tout le monde sait ce qu'on appelait « bestiaires. » C'était un recueil d'anecdotes, empruntés à la vie des animaux, des *bestes*, et disposées de telle sorte que les conclusions tirées de toutes ces anecdotes s'enchaînassent. L'auteur pouvait ainsi faire une série de raisonnements à l'appui d'un thème quelconque en appuyant chacun d'eux sur un fait admis.

Par exemple le *Bestiaire divin*, de Guillaume, clerc picard, est une suite de réflexions morales et religieuses appuyées sur des exemples pris dans la vie des animaux : a sirène séduit, puis tue, donc on doit résister aux sé-

---

[1] Gaspard Schott, *Physica curiosa* (1662), in-4°.

ductions mondaines qui cachent toujours de grands maux, etc.

Le *Bestiaire d'amour*, par Richard de Fournival, parut en 1250. L'auteur cherche à prouver à une dame, en lui contant maintes historiettes, qu'elle doit correspondre à sa flamme. Cet ouvrage acquit une grande popularité,

Fig. 41. — Triton. (Fac-simile d'une gravure de G. Schott.)

si on en juge par le nombre de manuscrits qui nous en sont restés. Il est suivi de la *Réponse de la dame*, dans laquelle celle-ci reprend et rétorque tous les raisonnements de son prétendant.

Fournival peint ainsi la sirène.

« Aussi come de celui que la *seraine* ocit (*tué*) quand elle l'a endormie par son chant. Car il sont 3 manières de seraines ; dont les 2 sont moitiés feme, moitié poissons, et la tierce (*troisième*) moitié feme et moitié oiseau ; et

chantent toutes 3 ensemble les unes en buisines[1], les autres en harpes et la tierce en droite voix. Et lor mélodie
est tant plaisanz que nul ne lés ot (*entend*) qu'il ne coviè-
gne (*venille*) venir. Et quand li home est priès, si s'en dort,
et quand elle le troève (*trouve*) endormi, si (*elle*) l'ocit.
Et insi me samble que la seraine i a granz coupes (*culpa-
bilité*) quant ele l'ocit en trahison, et li home granz coupes quand li s'i croit (*fie*).»

C'est ainsi, ajoute-t-il, que vous m'avez séduit par vos
charmes, et qu'ensuite vous m'avez trahi en repoussant
mon amour.

Mais la dame en tire une tout autre conclusion. Les sirènes, dit-elle, sont trompeuses, aussi je ne m'endormi-
rai pas à vos paroles, comme les hommes à leur chant.
« Car, sir mestre, si je me fiais à vos beaux discours, je
serais bientôt périe... »

LES VOYAGEURS ET LES SIRÈNES AMÉRICAINES ET INDIENNES

On conçoit que les marins qui partaient pour de lointains voyages imbus de telles idées, ne pouvaient manquer
de voir partout des sirènes. C'est ce qui ne manquait pas
d'arriver.

Christophe Colomb naviguant près Saint-Domingue, rencontra trois sirènes qui dansaient dans l'eau. Elles étaient
muettes. Elles lui parurent fort laides et il trouva qu'elles
avaient l'air de regretter la Grèce.

Aujourd'hui, dans ces mêmes parages, pullulent les *lamantins*, que les Espagnols appelèrent *peje-muger*, poisson-femme, et dont nous nous occuperons plus loin. A Vi-

[1] Flûtes à deux trous.

naga, dans les Indes orientales, on donne le même nom
aux *dugongs*.

Les pauvres colons brésiliens, ceux qui appartiennent
aux classes les moins éclairées de la société, sont loin
d'avoir renoncé aux rêves de leurs ancêtres au sujet des
pays légendaires. Ils croient encore qu'au centre de l'Amérique doit se trouver un grand lac renfermant des trésors immenses, et que ce lac est gardé par une sirène
nommée *mai das aguas*.

Le capitaine anglais John Smith faisait la traversée de
l'Amérique en 1614, et était tout près du nouveau conti-
nent, lorsqu'il vit, nageant gracieusement, une femme
dont les yeux étaient beaux; grands et expressifs, quoiqu'un peu ronds, le nez et les oreilles assez bien faits et
les cheveux longs et verts. Le capitaine commençait à en
devenir amoureux lorsqu'elle fit malheureusement une
culbute, montrant à son admirateur déconcerté une double queue de poisson.

Abelinus a donné, et M. Kastner a reproduit la gravure
d'un homme marin qui avait été pris par des conseillers du
roi de Danemark, allant en 1619 de la Norwége à Copenhague. On le rencontra portant une botte d'herbe sur la
tête, et on s'en empara. Mais à peine sur le pont, il se
mit à parler le plus pur danois, menaçant le bâtiment
du naufrage si on le retenait prisonnier. Les matelots effrayés s'empressèrent de relâcher leur prise, qui
n'était sans doute autre chose qu'un malheureux pêcheur.

La mer Indienne était un des séjours préférés de ces
hommes-poissons, et les colonies hollandaises en particulier. Dimas-Bosque étant à se promener sur la plage, à Ma-
nare, avec un jésuite, des pêcheurs leur montrèrent seize
tritons et néréides à queue double et à bras courts. Le ré-

sident hollandais obtint un de ces animaux qu'il envoya à la Haye, où il est encore.

Ce qui étonne davantage, c'est de voir ces fables se perpétuer dans les livres soi-disant scientifiques presque jusqu'à nos jours.

En 1718, Ruysch représentait dans son histoire naturelle des *poissons anthropomorphes*, ou hommes marins.

Enfin, pour finir par le plus curieux, dans un recueil publié à Amsterdam par van der Stell, gouverneur d'Am-

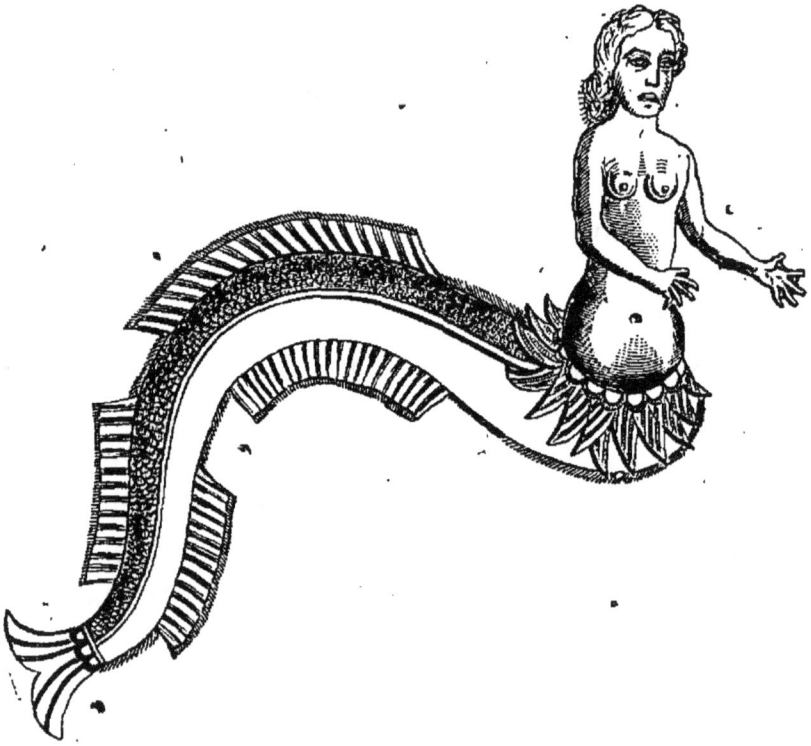

Fig. 42. — Sirène des Mollusques. (Fac-simile d'une gravure coloriée de van der Stell.)

boine, sous le titre de *Poissons extraordinaires des Moluques*, on peut admirer une sirène peinte par Samuel Fallours (*fig.* 42). Au-dessus est cette légende inouïe :

« Monstre semblable à une sirenne, pris à la côte de

l'isle de Borné ou Bœren dans le département d'Amboine.
Il était long de 59 pouces, gros à proportion comme une
anguille. Il a vécu à terre dans une cuve pleine d'eau
quatre jours et sept heures. Il poussait de temps en temps
de petits cris comme ceux d'une souris. Il ne voulut point
manger, quoy qu'on luy offrît des petits poissons, des coquillages, des crabes, écrevisses, etc. On trouva dans sa
cuve après qu'il fut mort quelques excréments semblables
à des crottes de chat. »

Des certificats sont imprimés en tête du volume « pour
prévenir l'incrédulité de certaines personnes. »

Et c'était en 1718, il y a un siècle et quart, qu'on donnait ainsi des portraits de sirène, *d'après nature*.

Mais ce n'est pas tout, et plus près de nous encore, vers
1735, le savant de Maillet réunissait d'innombrables traditions sur les sirènes, et non-seulement soutenait leur
existence, mais encore prétendait qu'elles constituaient la
race d'hommes primitive (voir note C).

LES SUPERSTITIONS ALLEMANDES ET HOLLANDAISES SUR LES SIRÈNES, NIX OU MERMINNES

En Allemagne, en Hollande, les paysans racontent encore, pendant de longues veillées d'hiver, des histoires de
sirènes. Plus d'en en a vu et s'est sauvé éperdu de terreur.
Quelques-uns même les ont entendues parler.

Nous avons connu des Hollandaises qui étaient très-éton-
nées de ce que nous traitions de fables tout ce qu'on dit
sur les femmes marines et leurs prédictions.

En Allemagne, la sirène s'appelle le *nix*.

Il y a des nix mâles et femelles. Ce sont des génies mal-
faisants qui se plaisent à pousser l'homme au suicide, et

on dit proverbialement de ceux qui se sont noyés : « Le nix l'a attiré vers lui ! »

Les nix ne sont pas immortels, mais ils sont condamnés, en expiation de quelque faute très-ancienne, à souffrir beaucoup et longtemps. Il est avéré cependant que si leur conduite est exemplaire, Dieu finit par leur pardonner.

Un jour, dit une légende, les enfants d'un pasteur protestant jouant au bord d'une rivière, virent un nix qui chantait et faisait de la musique. Cruels comme le sont toujours les enfants, ils s'avancèrent et le hélèrent, lui reprochant de jouer, lui disant qu'il n'était rien qu'un réprouvé, qu'un damné et qu'il ferait bien mieux de pleurer ses fautes.

Le pauvre nix, surpris et désolé, se prit à fondre en larmes et les jeunes bourreaux, enchantés du succès de leur éloquence, retournèrent bien vite raconter à leur père tout ce qui venait de se passer. Mais celui-ci leur répondit : « Vous avez péché : retournez bien vite, et consolez l'affligé. »

Les enfants revinrent donc vers le nix, et du plus loin qu'ils l'aperçurent : « Nix, lui crièrent-ils, ne pleure plus, notre père a dit qu'il y avait un Seigneur pour toi comme pour nous et que tes péchés te seraient remis ! » Aussitôt le nix essuya ses larmes et joua avec eux toute la journée.

On raconte aussi qu'un jeune homme ayant capturé un nix en se baignant, en devint épris, et l'épousa. Mais chaque fois qu'il l'interrogeait sur son origine, elle refusait de répondre. Un jour, poussé à bout par ses amis, il résolut de la contraindre à s'expliquer. L'épée nue à la main, il vint la questionner, mais alors la nix s'écria : « Si tu me perds pour toujours, ne t'en prends qu'à toi-même, » et s'élançant dans un cours d'eau, elle disparut à jamais.

Les Hollandais et les Belges nomment la sirène *neck*,

mermaids ou *mesrminne*. Bien des fois, on en prit de vivantes.

En 1430, à la suite d'une inondation, des jeunes filles d'Édam (Hollande), allant en bateau chercher des vaches à Parmesonde, trouvèrent une femme à demi ensevelie dans la vase ; elles la prirent, la lavèrent et l'emmenèrent dans leur village pour l'habiller. Elle apprit aisément à filer, à se vêtir, à faire le signe de la croix, mais ni les habitants de la localité, ni les savants de Harlem qui vinrent tout exprès, ne purent la faire parler. Pour nous, il parait probable que c'était une pauvre sourde-muette abandonnée, mais alors on préféra voir en elle une sirène.

Les Frisons disent qu'ils n'existe que sept merminnes, c'est-à-dire filles de la mer, et que lorsqu'un navigateur, amoureux de son état, se voue à elles, il ne doit jamais, sous peine de mort, abandonner la mer.

La preuve en est, qu'un marin qui était dans ce cas, ayant voulu renoncer à la navigation et se marier, elles accoururent, la première nuit des noces, l'appelèrent, et l'entraînèrent dans les flots.

Ce sont en général des êtres serviables, qui s'attachent volontiers à une maison, mais extrêmement susceptibles. Ainsi un de ces tritons, de nom de Flerus, qui s'était chargé des travaux de ménage dans une ferme près d'Ostende, abandonna un jour cette maison, au grand regret des fermiers, parce qu'on lui avait *mis de l'ail dans son lait*. Le fait est que si le neck était gourmet, il dut trouver son déjeuner bien mauvais.

Le principal rôle des sirènes, dans les légendes des Pays-Bas, est de jouer les prophétesses. Chaque pays a là-dessus des traditions avec lesquelles il ne faudrait pas plaisanter.

Les baleiniers d'Anvers prétendent, ou plutôt prétendaient (car aujourd'hui Anvers n'arme plus pour la pêche des cétacés), que lorsqu'ils arrivaient dans des parages fréquentés par leurs victimes, une sirène, qui nageait sans cesse en avant de leur navire, s'arrêtait et chantait :

> Scheppers, werpt de tonnekens vit,
> De walvish zal gaen kommen.

c'est-à-dire :

> Pêcheurs, apprêtez vos tonneaux,
> Voici venir la baleine.

Muiden est une ville très-ancienne, et pourtant elle est restée bien petite. C'est que le sort s'en est mêlé, et qu'une merminne a chanté d'une voix sévère :

> Muiden zal Muiden blyven
> Muiden zal novit beklyven.

> Muiden doit rester Muiden,
> Muiden ne doit jamais prospérer.

Lorsqu'on parcourt les Pays-Bas, un éternel objet d'étonnement est la position précaire de tous les villages bâtis dans les polders. On sait qu'on appelle ainsi des terrains situés au-dessous du niveau de la mer. Des canaux les traversent, et l'eau coule entre deux digues élevées à plusieurs mètres au-dessus des prairies.

Non loin de Dordrecht, au milieu de polders d'une extrême fertilité et comparables seulement aux pâturages de notre Normandie, se dresse la petite ville de Zevenbergen.

Si vous vous étonnez de ce que les maisons de Zevenbergen sont toutes neuves, si vous êtes curieux de savoir l'histoire de ce pays, allez trouver le bourgmestre, et il vous racontera que son père avait vu le pays entièrement couvert d'eau ; que, seul, le sommet d'une tour formait comme un îlot au milieu de la nappe tranquille. Ce n'est que depuis qu'on a desséché la contrée.

Jadis, Zevenbergen était une place fortifiée : ses murailles étaient flanquées de tours, dont l'une s'appelait la tour de Lobbekens. Les habitants étaient riches et puissants, mais ils étaient dissipés et irréligieux.

Un jour deux sirènes apparurent et déclamèrent ce distique d'une voix triste :

> Zevenbergen zal vergaan,
> En Lobbekenstoorens zal blyven staan.

> Zevenbergen périra,
> Et la tour de Lobbekens restera.

Malgré cet avertissement, les habitants ne s'amendèrent pas.

Le 18 novembre 1*21, un violent ouragan du nord-ouest chassa avec tant de furie les eaux contre les digues, qu'elles cédèrent[1].

Soixante-douze villages furent inondés, et de ce nombre était Zevenbergen, dont la tour seule domina les flots. C'est ainsi que la prophétie s'accomplit.

ANIMAUX QUI ONT DONNÉ LIEU AUX HISTOIRES DE SIRÈNES — PHOQUES — LAMANTINS — DUGONG

Si toutes ces fables ont été répétées, attestées tant de fois, c'est qu'il existe des animaux marins offrant une assez grande ressemblance avec l'espèce humaine, pour

---

[1] Cette inondation s'appelle la Sainte-Élisabeth. Une vingtaine de villages furent entièrement détruits.

qu'on ait pu les prendre pour des tritons et des [sirènes.

Nous allons en dire quelques mots, nous attachant surtout à faire ressortir les points de leur histoire qui ont pu donner lieu aux croyances légendaires.

Nous ne parlerons naturellement pas ici des restes de sirènes confectionnés par d'habiles spéculateurs de la crédulité publique. Ainsi un pêcheur des côtes anglaises de l'Inde fit, en réunissant le haut du corps d'une guenon et le bas de celui d'un gros poisson, une sirène factice. Telle était l'adresse avec laquelle les diverses pièces étaient réunies, qu'il était fort difficile de reconnaître la supercherie. Le pêcheur la montrait pour de l'argent, et, pour augmenter l'affluence de ses visiteurs, prétendit que ceux qui touchaient la sirène étaient guéris de leurs maux. La foule accourut, et un Européen finit par acquérir à prix d'or cette merveille qu'il rapporta en Europe au commencement du siècle. Elle eut un grand succès, puis on l'oublia... Mais il y a quelques années qu'on revit le monstre figurer dans le bizarre musée du célèbre New-Yorkais Barnum.

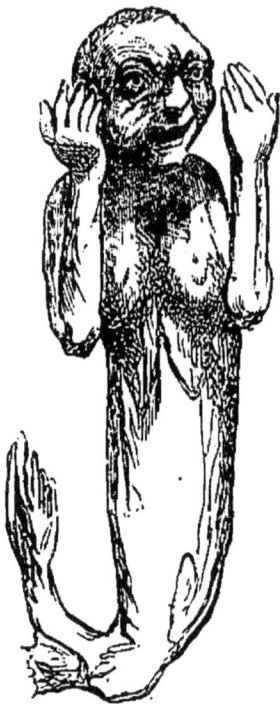

Fig. 43. — Sirène du musée de Leyde.

Il est probable que la fameuse sirène du musée de Leyde (fig. 43), qu'on montre encore aujourd'hui, doit son origine à quelque supercherie analogue; ainsi que celle de la Haye.

On s'est aussi servi, pour en imposer aux curieux, de la peau desséchée d'un hideux poisson analogue aux raies, la baudroie. On a surtout métamorphosé en mains d'hommes ses nageoires du cou, et, il faut en convenir, ces parties pouvaient figurer grossièrement à un observateur superficiel des membres humains. '

Mais notre objet n'étant point de rappeler les inventions des puffistes, mais de faire voir les faits réels qui ont pu en imposer aux gens de bonne foi, nous passerons de suite aux phoques.

Tout le monde connaît les *phoques* et sait qu'ils se dis⸗

Fig. 44. — Phoques.

tinguent des autres mammifères carnassiers par leurs pieds extrêmement courts, plats, palmés en forme de nageoires, ne pouvant leur servir sur terre qu'à ramper péniblement, mais très-propres à la natation.

Ils ont la tète ronde comme l'homme, des yeux grands et placés haut, de fort petites oreilles, des moustaches ⸗

autour de la bouche, le cou bien dessiné. Ils sont entièrement couverts de poils courts et rudes, excepté au visage ; ils n'ont ni bras, ni jambes, mais seulement des
mains et des pieds attachés presque directement au corps,
par suite de la petitesse et de la position d'une partie des
os renfermés dans le corps. Ils sont allongés et se termi-
nent en pointe comme les poissons et tous les animaux
aquatiques.

Les phoques ont le cerveau et les sens très-développés ;
ils vivent en société dans toutes les mers et sont poly-
games. Il est rare qu'un mâle ait moins de trois ou quatre femelles, qu'il défend et protége d'ailleurs avec courage.

Essentiellement amphibies, ils aiment à nager et ne
veulent prendre leur nourriture que dans l'eau.

Ils jouent volontiers tout en nageant, portant leur corps
hors de l'eau d'une manière qui ressemble à une danse.
Timides et inoffensifs, ils suivent les barques lorsque leur
curiosité est excitée, regardant les marins avec de gros
yeux plein de douceur (Conches).

« Il paraît, nous faisait l'honneur de nous écrire un
illustre savant, M. Charles Martins, — il paraît qu'en
Corse ces animaux sont respectés et entourent les pêcheurs pour attraper les poissons que ceux-ci rejettent à
la mer. »

Peut-être est-ce là l'origine des fables de Pline sur
les pêches dans lesquelles les dauphins aident les pêcheurs. Souvent il semble qu'on ait, en effet, confondu
divers animaux sous le nom commun de dauphin, et
on pourrait croire aussi que les phoques se sont apprivoisés assez pour venir jouer sur la plage, ce qui ex-
pliquerait les anecdotes de Pausanias et autres sur les
dauphins familiers.

Un jeune phoque, pris par les matelots du navire anglais l'*Alexandre*, pendant une expédition dans les mers du Nord, était tellement attaché à ses maîtres, que lorsqu'on le laissait se baigner dans la mer, il ne manquait pas de revenir à bord dès qu'il se sentait fatigué.

« Lorsque je passais, dit M. Ch. Martins, des heures entières devant le glacier de *Madelina-Bay* (Spitzberg), pour prendre la température du fond de la mer, un phoque arrivait chaque fois ; il nageait autour de l'embarcation, élevait sa tête au-dessus de l'eau, et, paraissait vouloir deviner à quelle occupation se livraient les êtres nouveaux pour lui qui s'y trouvaient. Je me gardais bien de l'effaroucher, et il s'approchait tous les jours davantage. Il dut croire que l'homme n'était pas un animal malfaisant ; devenu confiant, il voulut contempler la corvette de trop près, il fut tué d'un coup de fusil. »

Le phoque est docile et intelligent, on pourrait aisément le domestiquer et en faire un auxiliaire utile des pêcheurs sur mer, comme on a fait du chien sur terre. Au lieu de cela on aime mieux le tuer pour avoir sa peau et sa graisse.

On obtient l'huile de phoque en laissant fermenter la graisse au soleil ; elle s'emploie au même usage que l'huile de baleine : c'est aussi une « huile à brûler. »

On pourrait faire de la chasse à ces amphibies une annexe fort importante de la pêche à la morue. Les Anglais nous donnent l'exemple, et envoient annuellement à Terre-Neuve, dans ce but, 1,500 marins montant 570 vaisseaux.

Les Groënlandais ont expédié en Norwége, en 1862, 38,500 peaux de phoques.

Comme toujours, les pêcheurs abusent ; ils tuent impitoyablement les jeunes et les femelles pleines, et préparent ainsi, pour un avenir plus ou moins éloigné, la disparition de cet amphibie. Mais ils s'inquiètent peu de leurs successeurs : « Après moi la fin du monde ! » Peutêtre le contre-coup de leur imprévoyance se fera-t-il sentir plus tôt qu'ils ne le pensent, comme cela est arrivé aux baleiniers et aux pêcheurs d'huîtres.

Il y a diverses espèces de phoques. Deux d'entre elles, propres à la Scandinavie, reçurent le nom de *phoque moine* et *phoque évêque*. Une bien curieuse page d'un vieux naturaliste [1], accompagnée de dessins plus bizarres encore, et qui prétendent représenter ces animaux, nous montre bien à quel point et de quelle manière les anciens altéraient sans scrupule la vérité.

C'étaient surtout les dessinateurs et les peintres qui donnaient à leur imagination libre carrière. Que diraient aujourd'hui les naturalistes si les Huet, les Mesnel, les Werner, les Lackerbauer, les Freeman, etc., leur présentaient des gravures *d'après nature*, telles que celles dont nous reproduisons, à la page suivante, le fac-simile?

Voici la description dont nous parlons :

« A propos de monstres marins, dit Rondelet, nous parlerons de celui que dans notre siècle on a pris en Nortuége (Norwége), après une grande tourmente, lequel tous ceux qui le virent incontinent, lui donnèrent le nom de moine, car il avait la face d'homme, mais rustique et mi-gratieux, la teste rase et lize ; sur les espaules, comme un capuchon de moine ; deux longs ailerons au lieu de bras ; le bout du corps finissant en une queue large. La partie moyenne était beaucoup plus large, et avait les formes d'une casaque militaire. »

L'idée de ce phoque moine, qu'on trouve mentionné à

---

[1] G. Rondelet, *Universa piscium historia* (1554), in-4°.

peu près à la même époque par Wolfard et figuré dans le curieux manuscrit « *de la Diversité des habits,* » serait, selon un de nos plus habiles critiques, M. Ferdinand Denis, un produit bizarre de la réforme se vengeant ainsi des persécutions.

Voici, dit Rondelet plus loin, un monstre plus miracu-

Fig. 45. — Phoque moine. (Fac-simile d'une gravure de Rondelet.)

leux que le précédent. « Je l'ai veu (le portrait du monstre), de Gisbert, médecin allemand à qui on l'avait envoyé d'Amsterdam avec un écrit par lequel on assurait que ce monstre marin ayant un habit d'évesque avait été vu en Pologne en 1531, et porté au roi dudit pays, faisant[t]

certains signes pour monstrer qu'il avait grand désir de
retourner en la mer, où estant amené se jeta incontinent
. dedans. » Il omet sciemment, ajoute-t-il, plusieurs circonstances qui lui ont été racontées. Il les traite de peu

Fig. 46. — Phoque évêque. (Fac-simile d'une gravure de Rondelet.)

vraisemblables et n'ose pas non plus répondre de la vérité
du portrait.

Nous ne savons trop à quelle espèce on doit rapporter
la première de ces descriptions[1]. Peut-être est-ce le *pho-*

[1] Notre phoque moine, outre qu'il ne ressemble en rien à l'animal
cité par Rondelet, habite exclusivement la Méditerranée et était sans
doute bien connu du grand naturaliste de Montpellier.

que-lion, dont le pelage est beaucoup plus épais sur les épaules que sur le reste du corps.

Quant à l'évêque, c'est évidemment notre *Phoque-capucin* du Groënland (*Stemmatopus cristatus*), qui a sur la tête, lorsqu'il est adulte, une sorte de sac mobile, caréné en dessus, et dont il peut se couvrir les yeux et le museau quand il veut.

On conçoit que lorsqu'un tel espace séparait la vérité des dessins des voyageurs, on peut bien croire qu'ils disaient avoir vu des sirènes quand ils n'avaient rencontré que des phoques. Quant à leurs chants, c'était pure invention, car la voix du phoque ressemble au jappement du chien, quoique plus douce.

D'autres amphibies que les phoques ont pu produire des illusions et motiver des contes analogues. Ce sont des cétacés : les *lamantins* et les *dugongs*.

Ces cétacés ne ressemblent guère à ceux dont nous avons déjà parlé, aux dauphins, cachalots, baleines, etc. Leur forme rappelle beaucoup plus celle du phoque; de plus ils sont exclusivement herbivores.

Les *lamantins* ont le museau court, garni de poils qui font l'effet de barbe ou de moustache. Leur nageoire se compose de cinq doigts qui se distinguent aisément malgré la membrane qui les unit, et dont quatre sont terminés par des ongles. Les femelles ont de grosses mamelles placées sur la poitrine.

Ils viennent parfois à terre, mais leur séjour habituel est la mer. Ils nagent inclinés, le buste hors de l'eau.

Comme les phoques, ce sont des êtres très-sociables, qui vivent en troupes souvent nombreuses, et s'approchent volontiers de l'homme.

Celui-ci les en récompense bien mal, car il leur fait une

chasse à outrance pour se procurer leur chair, qui est, dit-on, exquise.

On les nomme aussi *manates* et *peje-muger* (poisson-femme).

Les lamantins habitent surtout les côtes de Saint-Do-

Fig. 47. — Lamantin.

mingue, où aborda Christophe Colomb, celles de Cayenne et du Sénégal.

C'est dans la mer des Indes qu'on rencontre le *dugong*. Il est bien plus petit que le lamantin, car, tandis que la taille de celui-ci atteint 15 pieds, la sienne est toujours à peu près celle du mouton.

Du reste, ces deux cétacés se ressemblent beaucoup et ont les mêmes habitudes. Le dugong est peut-être encore plus laid que le lamantin à cause de l'aplatissement de son museau.

Dans tous les pays habités par la race malaise, sá viande est tellement estimée qu'elle est réservée pour la table des princes. Aussi lui fait-on une guerre d'extermination qui l'a déjà rendu très-rare.

UN DERNIER MOT SUR LES SIRÈNES — ART HÉRALDIQUE — POÉSIE
MUSIQUE

Les sirènes figurent souvent dans les armes des familles nobles. Elles se posent de front ou de profil, tenant dans la main droite un miroir, dans la gauche un peigne. Leur queue est tantôt simple, tantôt double.

Parfois elles paraissent dans une cuve; on les appelle alors *mellusines* ou *merlusines*.

Ces monstres bizarres, à la fois terribles et charmants, attrayants et féroces, devaient inspirer les poëtes et les artistes : ils n'y ont pas failli.

Les sculpteurs se sont plu à les représenter et on les rencontre sur tous les monuments dans le style romain, tandis que les peintres se sont efforcés de reproduire dans leurs tableaux cette fusion du buste de la femme et de la queue de poisson. Il est peu de tableaux allégoriques qui n'en renferment dans leur cadre, et Rubens en a fait d'admirablement belles.

Les poëtes aussi les ont célébrées. Gœthe, l'immortel Gœthe, a mis en scène dans *Faust* les sirènes et les néréides antiques :

« LES SIRÈNES. — Jadis dans l'épouvante nocturne, les magiciennes de Thessalie t'ont, par sacrilége, attirée vers la terre. Du haut des voûtes de la nuit, jette un regard paisible sur l'essaim doucement lumineux des vagues tremblantes, et éclaire le tumulte qui s'élève des flots. Lune, ô belle déesse, sois-nous favorable, à nous tes servantes empressées.

« NÉRÉIDES ET TRITONS. — Que la vaste mer retentisse du son de votre voix éclatante ! Appelez autour de vous le peuple de l'abime. En voyant s'ouvrir les gouffres affreux de la tempête, nous nous étions enfouis aux profondeurs les plus silencieuses ; vos douces chansons nous attirent à la surface.

« Voyez comme dans notre ravissement nous nous sommes parés de chaines d'or ! aux couronnes, aux pierreries, les agrafes et les ceintures sont venues s'allier. Tout cela, c'est votre œuvre, trésors engloutis par les naufrages. Les enchantements de votre voix nous ont attirés, ô démons de notre baie !

« LES SIRÈNES. — Nous le savons bien, dans la fraicheur marine, les poissons s'accommodent de leur vie flottante et sans chagrin ; mais nous, troupes joyeusement émues, aujourd'hui nous voudrions vous apprendre que vous êtes plus que des poissons.

« LES NÉRÉIDES ET LES TRITONS. — Avant que de venir ici nous avons eu cette pensée : maintenant alerte ! sœurs et frères, il suffit aujourd'hui du plus court trajet pour démontrer pleinement que nous sommes plus que des poissons. »

Béranger, notre poëte national, dans une de ses dernières chansons, a célébré *la Sirène* et ses séductions :

Du sein de l'onde un mot surnage,
Mot que la nuit fera redire un jour,
Amour ! Amour !
Qui dit ces mots ? C'est la sirène.
Guettant sa proie au bord des eaux...

M. Kastner a composé une mélodie sur ces monstres et l'a publiée accompagnée d'un grand et beau travail d'érudition sur leur nature, leur figure, leur rôle dans la poésie et leur musique.

Enfin, les poésies du Nord aiment à raconter les exploits des hommes et des femmes marines, des neck, etc.

Nous ne pouvons mieux indiquer le caractère de ces poésies qu'en citant dans son entier la traduction qu'a faite M. Marmier d'une très-curieuse ballade suédoise sur le neck. :

« Le neck s'en va sur le sable blanc et prend la forme d'un homme vigoureux.

« Il s'en va dans la maison du tailleur et se fait faire des vêtements bleus.

« Il s'en va à travers l'île et rouye de belles jeunes filles qui dansent.

« Le neck se met à danser avec elles ; et les jeunes filles rougissent et pâlissent tour à tour.

« Il prend un braceled d'or et le laisse tomber entre les mains d'une d'elles.

« — Écoute, jeune fille, ce que j'ai à te dire. Dimanche nous nous rencontrerons dans le cimetière.

« La jeune fille doit venir à l'église, et le garçon de ferme doit la conduire.

« La bride du cheval est en soie, le harnais est en or.

« — Cher conducteur, ne fais pas verser le chariot.

« Elle arrive devant l'église et rencontre son fiancé.

« Le neck s'avance près de l'église et attache la bride de son cheval à la palissade.

« Il entre dans l'église, la jeune fille est toute troublée.

« Le prêtre debout devant l'autel, demande quel est cet homme qui est debout dans la nef.

« —Où es-tu né et où as-tu été élevé? Où a-t-on fait tes vêtements ?

« Je suis né dans les eaux. C'est là que j'ai été élevé et que l'on m'a fait mes vêtements.

« Les gens qui étaient là se retirent et s'en vont chez eux. La jeune fille reste seule avec le neck.

« — Où est ton père? Où est ta mère? Où sont tes parents et tes amis?

« —Mon père et ma mère sont dans les vagues bleues ; mes parents et mes amis sont dans les roseaux.

« —C'est si triste de demeurer dans les eaux, et il y a tant de gens qui rament sur votre tête.

« —Oui, il est triste de demeurer dans les eaux, et il y a tant de gens qui passent sur notre tête !

« Le neck prend la jeune fille par ses cheveux blonds et l'attache au pommeau de sa selle.

« Elle pousse un cri de douleur qui est entendu dans la demeure du roi.

« On accourt sur le pont chercher la jeune fille, et l'on ne trouve que ses souliers à boucles d'or.

« On la cherche d'un côté, on la cherche de l'autre, et l'on trouve un corps inanimé. »

C'est sous les auspices de notre grand fabuliste que nous avons commencé ce mince volume : c'est encore en

le citant que nous voulons le clore, priant le lecteur de
ne pas répéter, en se rappelant la montagne qui enfante
une souris :

> Quand je songe à cette fable
> Dont le récit est menteur
> Et le sens véritable,
> Je me figure un auteur
> Qui dit : Je chanterai la guerre.
> Que firent les Titans au maître du tonnerre,
> C'est promettre beaucoup : mais qu'en sort-il souvent ?
> Du vent !

Paris, février 1867.

NOTES ET ADDITIONS

—

A. — MOLLUSQUES.

On nous communique, pendant l'impression, le fait suivant, se rattachant à l'histoire des mollusques géants :

« Un curieux exemple de croissance indéfinie chez les mollusques a été signalé par M. Nordmann, il y a trois ou quatre ans. Il avait trouvé des moules comestibles ayant acquis des proportions incroyables. Impossible de douter de leur identité avec celles que nous servent les restaurateurs : il avait devant les yeux des individus de tous les âges et de toutes les dimensions intermédiaires pêchés sur le même fond. Ces moules géantes habitent un coin du monde inexploré, la côte de l'île d'Edgecombe, près Sitcha, dans l'Amérique russe. »

(G. Pouchet.)

B. — REQUIN

Le *Daily News* du 15 août 1867 raconte un nouvel exemple de la voracité des requins :

« Lundi, le navire américain *Joséphine*, capitaine Mitchell, est arrivé dans le port, venant de Rumados (Cuba). Le capitaine a raconté la fin terrible de deux hommes de son équipage dévorés par des requins pendant que le navire était à l'ancre à Rumados. Le 26 juin, il s'était rendu à terre avec deux de ses hommes pour acheter quelques provisions. Après avoir terminé ses affaires, il revenait dans son canot avec ses matelots. Le vent était bon et le canot filait rapidement, lorsque tout à coup survint un grain ; le canot fut complétement retourné, le capitaine et ses deux compagnons furent lancés à la mer à deux brasses d'eau.

« Deux barriques qui se trouvaient dans le canot flottaient alors à fleur d'eau, le capitaine ordonna à ses hommes de se tenir après ces barriques jusqu'à ce que l'on eût du secours. Lui-même s'était accroché au mât qui dépassait l'eau d'un pied environ. Le capitaine pense que les deux hommes exécutèrent la manœuvre qu'il avait commandée ; mais quelques minutes après, il les entendit crier. Regardant autour de lui, il ne les vit plus ; une minute après l'eau se trouvait rougie par le sang. Le capitaine ne douta plus que ces malheureux n'eussent été saisis par des requins.

« Il se disposa alors lui-même à la mort, sachant qu'il n'y avait plus d'espoir de salut puisque ces eaux sont infestées par de nombreux requins. Il s'attacha au mât de son canot, et pendant treize heures, il resta dans cette position en proie à la plus grande perplexité d'esprit. L'accident du canot était arrivé le 26, à quatre heures de l'après-midi, et le 27, vers deux heures du matin, le capitaine reconnut que ses craintes depuis dix heures avaient été bien fondées. Lorsque le jour commença à paraître, le capitaine Mitchell aperçut deux énormes requins qui nageaient tout près de lui : ils n'étaient plus qu'à la distance d'une rame ; évidemment ils n'attendaient qu'un moment favorable pour le saisir et l'entraîner sous l'eau.

« Le capitaine Mitchell resta trois heures encore dans cette épouvantable situation. Il était épuisé de fatigue et paralysé par la crainte, lorsque, heureusement, vers cinq heures, une petite embarcation qui passait tout près le recueillit à bord. L'approche de cette embarcation effraya les requins, et le capitaine fut sauvé de cette terrible position, presque évanoui. Il prétend avoir dû sa conservation à la circonstance qu'une petite partie de son canot surnageait ; le vent ne cessait pas de l'agiter et de fouetter l'eau, ce qui empêchait les requins de l'approcher davantage ; autrement, le capitaine était perdu. »

C. — DE MAILL

Les récentes discussions sur l'origine des espèces, soulevées par le livre si remarquable de Darwin, ont rappelé l'attention sur un curieux ouvrage du consul de Maillet, intitulé *Telliamed*[1]. Comme ce livre est rare aujourd'hui, nous avons pensé que l'on trouverait ici avec plaisir le cha-

---

[1] *Telliamed*, ou entretien d'un philosophe indien avec un missionnaire français sur la diminution de la mer, par M. de Maillet. La Haye (1755).

pitre original où l'auteur développe sa bizarre théorie, et
nous croyons ne pouvoir donner un plus curieux complé-
ment à notre étude sur les monstres marins.

Il est vrai que de Maillet a été entraîné par son imagination à admettre et à chercher à prouver mille absurdités, comme on le verra dans les pages ci-dessous, mais il
n'en a pas moins eu le mérite de démontrer le premier
l'origine marine des sédiments terrestres, et il est loin
de mériter la critique un peu légère de Voltaire, qui dit
de lui :

« Il vit des coquilles, et voici comme il raisonna : Ces
coquilles prouvent que la mer a été pendant des milliers
de siècles à Memphis; donc les Égyptiens et les singes
viennent incontestablement des poissons marins. »

Né à Saint-Mihiel (Lorraine), en 1656, de Maillet mourut à Marseille en 1738. Consul général en Égypte, puis
en Abyssinie, puis à Livourne, puis en Barbarie, il défen-
dit avec talent les intérêts de la France et obtint une retraite considérable. Il consacra ses dernières années à
écrire *Telliamed*, où il déploie une immense érudition et,
répétons-le, démontre l'une des découvertes sur lesquelles
on a fondé la géologie moderne. Son livre ne parut que
plusieurs années après sa mort. Il a emprunté, dit-on, l'i-
dée de la partie que nous reproduisons aux *Dialogues* de
Lamotte Le Vayer, mais cette assertion est loin d'être
prouvée.

« Pour venir à présent à ce qui regarde l'origine des
animaux, je remarque qu'il n'y en a aucun marchant, volant ou rampant, dont la mer ne renferme des espèces
semblables ou approchantes et dont le passage d'un de
ces éléments à l'autre ne soit possible, probable, même
soutenu d'un grand nombre d'exemples. Je ne parle pas
seulement des animaux amphibies, des serpents, des cro-

codiles, des loutres, des divers genres de phocas et d'un
grand nombre d'autres qui vivent également dans la mer
ou dans l'air, ou en partie dans les eaux et en partie sur
la terre ; je parle encore de ceux qui ne peuvent vivre
que dans l'air. Vous avez lu sans doute les auteurs de
votre pays, qui ont écrit des diverses espèces de poissons
de mer et d'eau douce connus jusqu'à ce jour et qui nous
en ont donné des représentations dans leurs livres. La
découverte de l'Amérique et de ses mers nous en a fourni
un grand nombre de nouvelles qui leur sont propres,
comme il s'en rencontre dans les mers d'Europe, d'Afrique
et d'Asie, qui ne se trouvent point ailleurs. On peut même
dire qu'entre les poissons d'une même espèce qui se pêchent également partout, il y a toujours quelque différence, selon la différence des mers ; soit qu'on ait placé
sous un même genre des espèces approchantes les unes
des autres, soit que véritablement ces poissons soient de
la même espèce, avec quelque différence seulement dans
leur forme. C'est ainsi que les espèces de poissons de mer
qui sont entrés dans les rivières et les ont peuplées ont
reçu dans leur figure, comme dans leur goût, quelque
changement. Ainsi la carpe, la perche et le brochet de
mer diffèrent de ceux de leur espèce que l'on prend dans
les eaux douces[1].

« Or, la ressemblance de figure, même d'inclinations,
qui se remarque entre certains poissons et quelques animaux terrestres, est non-seulement digne d'attention ; il
est même surprenant que personne, que je sache, n'ait

[1] Il faut se souvenir que du temps où écrivait de Maillet, la synony-
mie des poissons n'avait pas encore été débrouillée par Lacépède,
Blok, Cuvier, etc. Il n'existe point de carpes, de brochets ni perches
dans la mer.

travaillé jusqu'ici à approfondir les raisons de cette conformité. Sans entreprendre de traiter à fond une si vaste
matière, permettez-moi, monsieur, de faire quelques observations à ce sujet. Nous savons, par le rapport des plus
fameux plongeurs de l'antiquité, dont les histoires nous
ont conservé la mémoire, par le témoignage de ceux que
mon aïeul employa pendant dix-huit mois à examiner
l'état des fonds de la mer et ce qui se passe dans son sein,
nous savons, par nos propres connaissances, que les animaux qu'elle produit sont de deux genres : l'un, volatile,
s'élève du fond jusqu'à la superficie de ses eaux, dans
lesquelles il nage, se promène et fait ses chasses; l'autre
rampe dans son fond et ne s'en sépare point ou que très-
rarement, et n'a point de disposition à nager. Or, qui
peut douter que du genre volatile des poissons ne soient
venus nos oiseaux qui s'élèvent dans les airs, et que, de
ceux qui rampent dans le fond de la mer, ne proviennent
nos animaux terrestres, qui n'ont ni disposition à voler,
ni l'art de s'élever au-dessus de la terre?

« Pour se convaincre que les uns et les autres ont passé
de l'état marin au terrestre, il suffit d'examiner leur figure, leurs dispositions et leurs inclinations réciproques,
et de les confronter ensemble. Pour commencer par le
genre volatile, faites, s'il vous plaît, attention, non-seulement à la forme de toutes les espèces de nos oiseaux,
mais encore à la diversité de leur plumage et à leurs inclinations : vous n'en trouvez aucune que vous ne ren-
contriez dans la mer des poissons de la même confronta-
tion, dont la peau ou les écailles sont unies, peintes ou
variées de la même sorte, les ailerons ou nageoires placés
de même, qui nagent dans les eaux, comme les oiseaux
de leur figure volent et nagent dans les airs et qui y font
leur route droite ou en rond et leur chasse, lorsque ce

sont des oiseaux de proie, comme le font dans la mer les poissons de la même forme [1].

« Observez encore que le passage du séjour des eaux à l'air est beaucoup plus naturel qu'on ne se le persuade communément. L'air dont la terre est environnée, au moins jusqu'à une certaine hauteur, est mêlé de beaucoup de parties d'eau. L'eau est un air chargé de parties d'eau beaucoup plus grossières, plus humides et plus pesantes que ce fluide supérieur auquel nous avons attaché le nom d'air, quoique l'un et l'autre ne fassent réellement qu'une même chose. Ainsi, dans un tonneau rempli d'une liqueur, quoique l'inférieure soit chargée de parties plus grossières, et que, par conséquent, elle soit moins claire et plus épaisse que la partie supérieure, il est cependant évident qu'une partie de la liqueur subsiste dans la lie précipitée et qu'une partie de cette lie reste mêlée même avec la liqueur qui surnage, mais en plus grande quantité immédiatement au-dessus de la lie, que dans la partie la plus élevée. C'est ainsi qu'immédiatement au-dessus des eaux, l'air dont elles sont environnées est plus chargé de parties aqueuses que dans une plus grande élévation. Ainsi, dans une tempête dont les eaux de la mer, des lacs et des rivières sont agitées, il l'est encore davantage qu'après des pluies qui leur ont rendu les parties aqueuses que les vents avaient soulevées et mêlées à l'air. C'est ainsi, enfin, que dans certains climats et en certains temps l'air, dont la terre et la mer sont environnées, est si chargé de ces parties aqueuses qu'il doit être considéré comme un mélange presque égal de l'un et de l'au-

---

[1] Il est malheureux que ces assertions ne soient appuyées sur aucun exemple, en sorte que nous ne pouvons deviner à quels oiseaux, ni à quels poissons de Maillet fait allusion.

tre. Il est donc facile de concevoir que des animaux accoutumés au séjour des eaux ayent pu conserver la vie,
en respirant un air de cette qualité. « L'air inférieur, dit
« un de vos auteurs [1], n'est qu'une eau étendue. Il est
« humide, à cause qu'il vient de l'eau ; et il est chaud,
« parce qu'il n'est pas si froid qu'il pourrait être en re-
« tournant en eau. » Il ajoute plus bas : « Il y a dans la
« mer des poissons de presque toutes les figures, des
« animaux terrestres, même des oiseaux. Elle renferme
« des plantes et des fleurs, et quelques fruits : l'ortie,
« la rose, l'œillet, le melon, le raisin y trouvent leurs
« semblables [2]. »

« Ajoutez, monsieur, à ces réflexions les dispositions
favorables qui peuvent se rencontrer en certaines régions
pour le passage des animaux aquatiques, du séjour des
eaux à celui de l'air ; la nécessité même de ce passage
en quelques circonstances : par exemple, à cause que
la mer les aura abandonnés dans des lacs, dont les eaux
auront enfin diminué à tel point qu'ils auront été forcés
de s'accoutumer à vivre sur la terre ; ou même, indépen-
damment de cette diminution, par quelques-uns de ces
accidents qu'on ne peut regarder comme fort extraordinaires. Car il peut arriver, comme nous savons qu'en
effet il arrive assez souvent, que les poissons ailés, chassant ou étant chassés dans la mer, emportés du désir de
la proie ou de la crainte de la mort, ou bien poussés
peut-être à quelques pas du rivage par les vagues qu'ex-
citait une tempête, soient tombés dans des roseaux ou

---

[1] Sorel. fol. 249.

[2] Notre auteur se laisse encore entraîner à croire que l'analogie de
nom entraîne l'analogie de fait. En réalité, il prend pour des plantes
la *méduse* (ortie), les *actinies* (rose et œillet), l'*oursin* (melon), les
œufs de poulpe (raisin), tous appartenant au règne animal.

dans des herbages, d'où ensuite il ne leur fût pas pos-- sible de reprendre vers la mer l'essor qui les en avait ti- rés, et qu'en cet état ils ayent contracté une plus grande faculté de voler. Alors les nageoires n'étant plus baignées des eaux de la mer, se fendirent et se déjetèrent par la sécheresse. Tandis qu'ils trouvèrent dans les roseaux et les herbages dans lesquels ils étaient tombés, quelques aliments pour se soutenir, les tuyaux de leurs nageoires séparés les uns des autres se prolongèrent et se revêtirent de barbes; ou, pour parler plus juste, les membranes qui auparavant les avaient tenus collés les uns aux autres se métamorphosèrent. La barbe formée de ces pellicules dé- jetées s'allongea elle-même; la peau de ces animaux se revêtit insensiblement d'un duvet de la même couleur dont elle était peinte, et ce duvet grandit. Les petits aile- rons qu'ils avaient sous le ventre et qui, comme leurs nageoires, leur avaient aidé à se promener dans la mer, devinrent des pieds et leur servirent à marcher sur la terre. Il se fit encore d'autres petits changements dans leur figure. Le bec et le col des uns s'allongèrent; ceux des autres se raccourcirent : il en fut de même du reste du corps. Cependant la conformité de la première figure subsiste dans le total ; et elle est et sera toujours aisée à reconnaître.

« Examinez, en effet, toutes les espèces de poules, grosses et petites, même celles des Indes, celles qui sont huppées ou celles qui ne le sont pas ; celles dont les plumes sont à rebours telles qu'on en voit à Damiette, c'est-à-dire dont le plumage est couché de la queue à la tête : vous en trouverez dans la mer des espèces toutes semblables, écailleuses ou sans écailles. Toutes les espè- ces de perroquets dont les plumages sont si divers, les oiseaux les plus rares et les plus singulièrement marquetés sont conformes à des poissons peints, comme eux, de, noir, de brun, de gris, de jaune, de vert, de rouge, de violet, de couleur d'or et d'azur ; et cela précisément dans les mêmes parties où les plumages de ces mêmes oiseaux sont diversifiés d'une manière si bizarre. Tous es genres d'aigles, de faucons, de milans, d'oiseaux de proie, enfin tout ce qui nous est connu comme volant dans les airs jusqu'aux différentes espèces de mouches, petites et grandes, aux longues ailes comme aux courtes, se trouve conforme à des espèces semblables que la mer renferme et dont non-seulement la forme et la couleur sont les mêmes, mais encore les inclinations [1].

« La transformation d'un ver à soie ou d'une chenille en un papillon serait mille fois plus difficile à croire que celle des poissons en oiseaux, si cette métamorphose ne se faisait chaque jour à nos yeux, et si on nous la racontait dans une partie du monde où elle fût inconnue. N'y a-t-il pas des fourmis qui deviennent ailées au bout d'un certain temps[2] ? Qu'y aura-t-il de plus incroyable pour nous que ces prodiges naturels, si l'expérience ne nous les rendaient familiers ? Combien le changement d'un poisson ailé, volant dans l'eau, quelquefois même dans les airs, en un oiseau volant toujours dans l'air et conservant la figure, la couleur et l'inclination du poisson, est-elle plus aisée à imaginer de la façon dont je viens de vous l'exposer ? La semence de ces mêmes poissons portée

---

[1] Inutile de faire remarquer combien de Maillet exagère ici les ressemblances si peu sensibles entre les êtres terrestres et aquatiques.

[2] Fait inexact : ces fourmis sans ailes (neutres ou ouvrières) en sont privées tout le temps de leur existence et jouent dans la république des fourmis un rôle différent de celui des individus ailés. (*V.M. Girard, Métam. des insectes*. Biblioth. des merveilles.)

dans des marais peut aussi avoir donné lieu à cette première transmigration de l'espèce, du séjour de la mer en celui de la terre. Que cent millions aient péri sans avoir pu en contracter l'habitude, il suffit que deux y soient parvenus pour avoir donné lieu à l'espèce.

« A l'égard des animaux rampants et marchants sur la terre, leur passage du séjour de l'eau à celui de l'air est encore plus aisé à concevoir. Il n'est pas difficile à croire, par exemple, que les serpents et les reptiles puissent également vivre dans l'un et dans l'autre élément ; l'expérience ne nous permet pas d'en douter.

« Quant aux animaux à quatre pieds, nous ne trouvons pas seulement dans la mer des espèces de leur figure et de leurs mêmes inclinations, vivant dans le sein des flots des mêmes aliments dont ils se nourrissent sur la terre ; nous avons encore cent exemples de ces espèces vivant également dans l'air et dans les eaux. Les singes marins[1] n'ont-ils pas toute la figure des singes de terre ? Il y en a de même de plusieurs espèces. Celles des mers méridionales sont différentes de celles septentrionales; et parmi celles-ci nos auteurs distinguent encore celle qu'il nomme danoise, *simia danica*. Ne trouve-t-on pas dans la mer un poisson qui a deux dents semblables à celles de l'éléphant, et sur la tête une trompe[2] avec laquelle il attire l'eau, et avec l'eau la proie qui lui sert de nourriture ? On en montrait un à Londres il n'y a que très-peu de temps. Serait-il absurde de croire que cet éléphant marin a pu donner lieu à l'espèce des éléphants terrestres.

[1] On appelait ainsi des *phoques*, très-probablement ; les figures qu'en donnent Ruysh, etc., sont du reste aussi imaginaires que celles des *tritons*.

[2] Voir ce que nous avons dit du *morse*, p. 307-308. Cet animal a des défenses, mais n'a rien qui rappelle la trompe.

« Le lion, le cheval, le bœuf, le cochon, le loup, le chameau, le chat, le chien, la chèvre, le mouton, ont de même leurs semblables dans la mer. Dans le siècle précédent on montrait à Copenhague des ours marins, qu'on avait envoyés au roi de Danemark. Après les avoir enchaînés, on les laissait aller à la mer, et on les y voyait jouer entre eux pendant plusieurs heures. Examinez la figure des poissons qui nous sont connus ; vous trouverez dans eux à peu près toute la forme de la plupart des animaux terrestres.

« Il y a vingt genres de phocas, ou veaux marins, gros et petits. Vos histoires et les journaux de vos savants parlent assez des occasions où l'on en a pris et même apprivoisé. La ville de Phocée tirait son nom, dit-on, du grand nombre de ces animaux qu'on a toujours vus dans la mer voisine de cet endroit. Ne vit-on pas à Smyrne, il n'y a pas plus de vingt à vingt-cinq ans, un de ces phocas venir se reposer tous les jours, pendant cinq à six semaines de suite, sous le divan du douanier ? Il s'élançait de la mer sur quelques planches éloignées du rivage de deux à trois pieds et placées sous ce divan, et y passait plusieurs heures en poussant des soupirs comme une personne qui souffre. Cet animal ayant ensuite cessé de paraître, revint au bout de trois jours portant un petit sous un de ses bras. Il continua de se montrer encore depuis pendant plus d'un mois, mangeant et suçant du pain et du riz qu'on lui jetait.

« A peu près dans le même temps, un autre phocas se montra au milieu du port de Constantinople. Il s'élança de la mer sur une barque chargée de vin, et saisit un matelot qui était alors assis sur un tonneau. Ce vin appartenait à M. de Fériol, votre ambassadeur à la Porte. Ce phocas mit le matelot sous un de ses bras, et replongeant avec lui dans la mer, il se remontra à trente pas de là tenant encore l'homme sous son aisselle comme s'il eût voulu se glorifier de sa conquête ; après cela il disparut. Cet animal, dirait quelqu'un de vos poëtes, était sans doute une nymphe, une néréide, qui étant devenue amoureuse de ce matelot, l'enleva pour le conduire dans un de ses palais aquatiques. Il y a beaucoup d'apparence, que des faits de cette nature arrivés dans les siècles précédents ont donné lieu aux histoires de vos métamorphoses.

« L'histoire romaine fait aussi mention de phocas apprivoisés et montrés au peuple dans les spectacles, saluant de leur tête et de leur cri, et faisant au commandement de leur maître tout ce qu'on apprend chez vous à divers animaux qu'on dresse et qu'on instruit à certains manéges. N'en a-t-on pas vu s'affectionner à ceux qui en prenaient soin, comme les chiens s'attachent à ceux qui les élèvent ?

« Il y a cent ans qu'un petit roi des Indes avait apprivoisé un de ces phocas, ou bœufs marins. Il l'avait appelé *guinabo*, du nom d'un lac où il se retirait après avoir pris sa réfection dans la maison de ce roitelet, où, lorsqu'on l'appelait, il se rendait tous les jours de ce lac accompagné d'une troupe d'enfants qui le suivaient. Ce manége dura dix-neuf à vingt ans, et jusqu'à ce qu'un jour un soldat espagnol lui ayant lancé un dard, il ne sortit plus de l'eau dans la suite tant qu'il vit sur le rivage des hommes armés et barbus. Il était si familier avec les enfants, et en même temps si gros et si fort, qu'un jour il en porta, dit-on, quatorze sur son dos, d'un des bords du lac à l'autre.

« Celui qui fut pris à Nice, il y a près de cent ans, était assez différent de celui-là. Il n'était guère plus gros qu'un

veau, ayant les pieds fort courts et la tête très-grosse. Il
vécut plusieurs jours, sans faire aucun mal, mangeant de
tout ce qu'on lui donnait; et mourut dans le temps
qu'on le transportait à Turin pour le fair voir au duc de
Savoie.

« Les phocas sont fort communs dans la mer d'Écosse.
Ils vont se reposer sur le sable au bord de la mer, et y
dorment si profondément qu'ils ne se réveillent que lorsqu'on en approche. Alors ils se jettent à la mer, et s'élèvent
ensuite hors de l'eau pour regarder les personnes qui sont
sur le rivage. Il s'en trouve aussi beaucoup sur les côtes
de l'île Hispaniola : ils entrent dans les fleuves et paissent l'herbe des rivages. On les nourrissait à Rome d'a-
voine et de millet, qu'ils mangeaient lentement et comme
en suçant[1].

« Vous concevez, monsieur, que ce que l'art opère dans
ces phocas, la nature peut le faire d'elle-même ; et que
dans certaines occasions ces animaux ayant bien vécu
plusieurs jours hors de l'eau, il n'est pas impossible qu'ils
s'accoutument à y vivre toujours dans la suite, par l'im-
possibilité même d'y retourner. C'est ainsi sans doute que
tous les animaux terrestres ont passé du séjour des eaux
à la respiration de l'air, et ont contracté la faculté de
mugir, de hurler, d'aboyer et de se faire entendre qu'ils
n'avaient point dans la mer, ou qu'ils n'avaient du moins
que fort imparfaitement.

« Du temps de l'ambassade du marquis de Fériol, dont
je viens de vous parler, on prit, proche de Constantinople,
sur les bords de la mer, un petit chien marin, de la hauteur d'environ 1 pied. Sa mère qui était plus grosse qu'un
veau, grosse et épaisse, l'avait conduit à terre. Elle vint

---

[1] Evrard Worst fait la même remarque à propos du morse.

avec fureur aux mariniers qui avaient saisi son petit ; mais
quelques coups de fusil qu'ils lui tirèrent l'obligèrent de
rentrer dans la mer. Ce petit chien qui ut porté au palais
de l'ambassadeur, et qui y vécut près de six semaines,
n'avait presque point de voix lorsqu'il fut pris ; mais elle
se fortifia et grossit d'un jour à l'autre. Cette espèce était
par là différente de celle de certains chiens du Canada
qui restent toujours muets ; ce qui prouve invinciblement
qu'ils descendent de chiens marins. Celui dont je parle
était laid et farouche ; il avait les yeux petits, les oreilles
courtes, le museau long et pointu. Un poil ras et dur,
d'une couleur brune, lui couvrait le corps. Sa queue se
terminait comme celle de certains poissons et des castors,
en forme de voile ou de timon, pour lui servir sans doute
à diriger sa course dans la mer.

« Dans la basse Allemagne ne nourrit-on pas dans des
bassins d'eau douce des loups marins, qu'on peut également appeler chiens marins, et qui sont fort communs
dans les mers des pays froids? N'ont-ils pas la figure et le
poil des chiens que vous nommez danois? Lorsque je pas-
sai à Dantzig, j'y en vis un dans un bassin. Au moindre
bruit qu'il entendait sur le bord de l'eau, il levait la tête,
et considérait quelle en était l'occasion. Peut-on douter
que ce ne soit de cette race de chiens marins, que nous
est venue celle qui nous en représente si parfaitement la
figure?

« Quant à l'homme, qui doit être l'objet de notre prin-
cipale attention, vous aurez lu sans doute, ajoute notre
philosophe, cs que vos histoires anciennes rapportent des
Tritons ou hommes marins. Mais laissons à part ce que
les anciens ont écrit sur cette matière. Je passe sous silence ce que votre Pline, qu'on a peut-être mal à propos
blasonné du nom de menteur, a dit d'un Triton qui fut vu

dans la mer jouant de la flûte ; sa musique n'était pas sans
doute fort délicate et fort harmonieuse. Je ne vous par-
lerai point non plus de cette tradition généralement répandue, qu'il y a des formes humaines parfaites de la
ceinture en haut, et se terminant en poisson. Elle a passé
chez vous en proverbe, pour désigner un ouvrage dont la
fin ne répond pas au commencement [1]. J'omettrai encore
l'histoire, des sirènes, qui par la douceur de leurs chants,
n'attirent les hommes, dit-on, que pour les dévorer. J'ou-
blierai en un mot tout ce qui peut être regardé comme
une production de l'imagination des poëtes, et ne m'atta-
cherai qu'à des faits attestés, voisins de nos temps, et qui
soient à portée de vos recherches. »

De Maillet cite ici de nombreuses histoires de sirènes à
l'appui de ses assertions. Comme nous avons rapporté plus
haut les plus intéressantes, nous croyons inutile de les
répéter, et sautant quelques feuillets, nous arrivons aux
conclusions :

« En méditant sur tout ceci, dit Maillet, n'a-t-on pas lieu
de croire que notre espèce trouvant encore dans l'usage
des eaux des secours aux plus importants mystères de la
nature, c'est-à-dire au désir de se perpétuer, à la guérison
de diverses maladies, à la conservation de la santé et au
rétablissement des forces abattues, cet élément si favorable
pour elle doit lui être naturel ? »

Mais il ne s'en tient pas là, et, plus explicite, il ré-
sume et enfin énonce tout son système en finissant son
livre :

« L'humeur encore féroce et sauvage de tant de nations
de ces pays froids et des animaux qu'on y rencontre doit
être pour vous une image de la transmigration encore ré-

---

[1] *Desinit in piscem mulier formosa superne.* (Hor. *de Arte poet.*)

cente de ces races du séjour des eaux en celui de l'air :
c'est une preuve assez sensible du changement qui s'est
fait' depuis peu en leur état. Vous pouvez remarquer ces
traces encore récentes de la naissance sur la terre de diverses races d'hommes et d'animaux dans presque toutes
les parties du monde. Ces créatures prises par les Hollandais sur les côtes de la Terre-de-Feu en 1708, qui ne dif-
féraient des hommes que par la parole ; celles de forme
humaine qu'on trouve, comme je l'ai dit, dans l'île de Madagascar, qui marchent comme nous sur les pieds de
derrière, et qui sont privées de même de l'usage de la
voix, quoique les unes et les autres puissent comprendre
ce que nous disons ; ces hommes qui à peine paraissent
humains, sont peut-être des races d'hommes nouvellement
sortis des flots, à qui la voix manque, comme elle manque encore à présent à certains chiens du Canada. Mais
les uns et les autres en acquerront l'usage à la suite de
plusieurs générations. »

FIN.

TABLE DES GRAVURES

———

TABLE DES MATIÈRES

III. — REPTILES MARINS.

IV. — OISEAUX.

V. — MAMMIFÈRES MARINS.

PARIS. — IMP. SIMON RAÇON ET COMP , RUE D ERFURTH, 1.

www.ingramcontent.com/pod-product-compliance
Lightning Source LLC
Chambersburg PA
CBHW060421200326
41518CB00009B/1432